U0142916

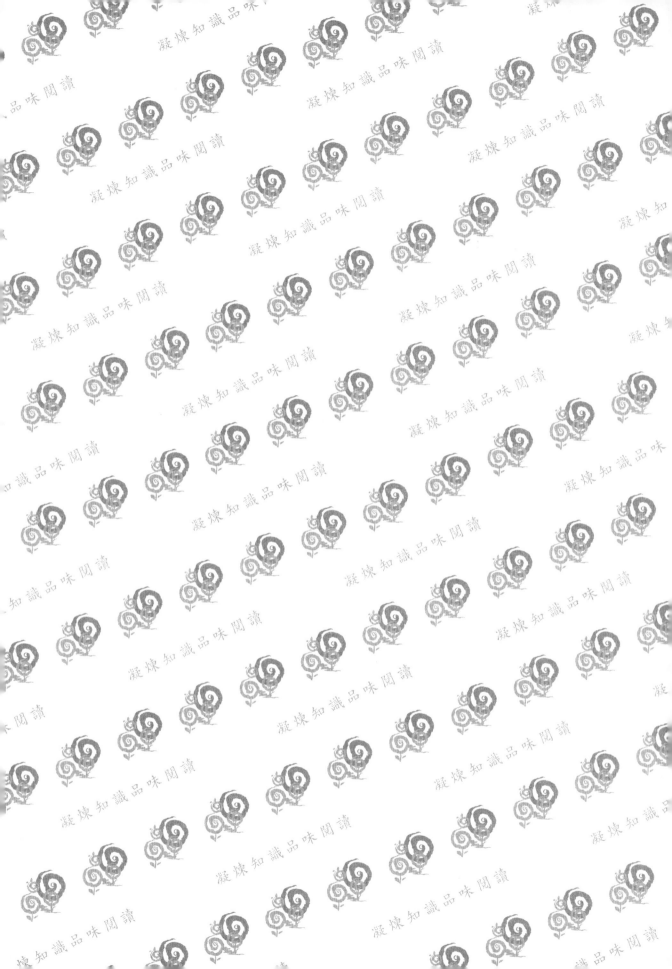

無師自通的
Python語言程式設計

附大學程式設計
先修檢測（APCS）試題解析

邏輯林 ————— 著

五南圖書出版公司 印行

自序——

一般來說，以人工方式處理日常生活事務，只要遵循程序就能達成目標。但以下類型案例告訴我們，以人工方式來處理，不但效率低浪費時間，且不一定可以在既定時間內完成。

1. 不斷重複的問題。例：早期人們要提存款，都必須請銀行櫃檯人員辦理。在人多的時候，等候的時間就拉長。現在有了存提款的自動櫃員機(ATM)，存提款變成一件輕輕鬆鬆的事了。

2. 大量計算的問題。例：設 $f(x) = x^{100} + x^{99} + \cdots + x + 1$，求 $f(2)$。若用人工方式計算，則無法在短時間內完成。有了計算機以後，很快就能得知結果。

3. 大海撈針的問題。例：從500萬輛車子中，搜尋車牌為888-8888的汽車。若用肉眼的方式去搜尋，則曠日廢時。現在有了車輛辨識系統，很快就能發現要搜尋的車輛。

一個好的工具，能使問題處理更加方便及快速。以上案例都可利用電腦程式求解出來，由此可見電腦程式與生活的關聯性。程式設計是利用電腦程式語言來解決問題的一種工具，只需將所要處理的問題，依據程式語言的語法描述出問題之流程，電腦便會根據所設定的程序，完成既定的目標。

多數的程式設計初學者，因學習效果不佳無法引發興趣及帶來成就感，進而對程式設計課程產生排斥。導致學習效果不佳的主要原因，有下列三點：

1. 上機練習時間不夠，加上不熟悉電腦程式語言的語法撰寫，導致花費太多時間在偵錯處理上，進而對學習程式設計缺乏信心。

2. 對問題的處理作業流程（或規則）不了解，或畫不出問題的流程圖，導致無法寫出問題的邏輯表達，使程式正常運作。

3. 不知如何將程式設計的概念，應用在日常生活所遇到的問題上。

　　因此，初學者在學習程式設計時，除了熟悉電腦程式語言的語法並不斷上機練習外，還必須了解問題的處理作業流程，才能使學習達到事半功倍的效果。

　　本書所撰寫之文件，若有謬誤或疏漏之處，尚祈先進方家及讀者的不吝指正，以匡不逮。謝謝！

　　　　　　　　　　　　　　　　　　　　　2021/9/14 巳時

　　　　　　　　　　　　　　　　　　　　邏輯林　於大學池

目錄

Chapter 1
電腦程式語言介紹

般來說，不斷重複的工作，若以人工處理，則會讓人煩心且沒有效率。因此，尋求方便又快速的方法，是大眾夢寐以求的。而運用程式設計所開發的工具，正是符合大眾需求的方法之一。

程式設計，運用在生活中的範例不計其數。例：提供民眾叫車服務、公車到站查詢、訂票服務等智慧型手機 App 應用程式；監控記錄人體心跳、睡眠品質等物聯網智慧手環 App 應用程式；輔助駕駛人執行自動駕駛、煞車、停車等人工智慧 AI 應用程式。因此，學習程式設計，是現代人必修的一門顯學。

人類藉由相同的語言，進行相互溝通。人類的想法希望能被電腦解讀，也是同樣的道理。像這類的語言，稱之為電腦程式語言 (Computer Programming Language)。電腦程式語言，分成下列三大類：

1. 編譯式程式語言：若以某種程式語言所撰寫的原始程式碼 (Source Code)，須經過編譯程式 (Compiler) 正確編譯成機器碼(Machine Code)後才能執行，則稱這種程式語言為「編譯式程式語言」。例：COBOL、C、C++ 等。若原始程式碼編譯無誤，就可執行它且下次無須重新編譯，否則必須修改原始程式碼且重新編譯。編譯式程式語言，從原始程式碼變成可執行檔需經編譯 (Compile) 及連結 (Link) 兩個過程，分別由編譯程式 (Compiler) 及連結程式 (Linker) 負責。編譯程式負責檢查程式的語法是否正確，連結程式則負責檢查程式使用的函式是否有定義。若原始程式碼從編譯到連結都正確，最後會產生一個與原始程式檔同名的可執行檔 (.exe)。

2. 直譯式程式語言：若以某種程式語言所撰寫的原始程式碼，須經過直譯器 (Interpreter) 將指令一邊翻譯成機器碼一邊執行，直到產生錯誤或執行結束才停止，則稱這種程式語言為「直譯式程式語言」。例：Basic、HTML等。利用直譯式程式語言所撰寫的原始程式碼，每次執行都要重新經過直譯器翻譯成機器碼，執行效率較差。

3. 直譯式兼具編譯式程式語言：若以某種程式語言所撰寫的原始程式碼，必須經過編譯器將它編譯成中間語言 (Intermediate Language) 後，再經過直譯器產生原生碼 (Native Code)，才能執行，則稱這種程式語言為「編譯式兼具直譯式程式語言」。例：Visual C#、Visual Basic、Python 等程式語言。

本書主要以介紹 Python 程式語言為主。程式從撰寫階段到執行階段，常遇到的問題有三類：編譯錯誤 (Compile Error)、連結錯誤 (Link Error) 及執行錯誤 (Run-time Error)。撰寫程式時，若違反程式語言的語法規則，則會產生編譯錯誤或連結錯誤。這兩類的錯誤，稱之為「語法錯誤 (Syntax Error)」。例：在 Python 語言中，判斷兩個數值 a 與 b 是否相等，是以「a == b」來表示，而不是以「a = b」。若違反此規則，則直譯時會出現錯誤訊息「SyntaxError: invalid syntax」，表示「無效的語法」。

程式執行時，若產生意外的輸出或與預期不符的結果，則暗示程式的邏輯設計不周詳。像這類的執行錯誤，稱之為「語意錯誤 (Semantic Error)」或「邏輯錯誤 (Logic Error)」。例：「a = b / c」，在語法上是正確的，但執行時，若 c 為 0，則會出現錯誤訊息「ZeroDivisionError: division by zero」，表示「除以 0」。

♥ 1-1　何謂程式設計

使用任何一種電腦程式語言所撰寫的程式指令集，稱之為電腦程式。而撰寫程式的過程，稱之為程式設計。以 Python 程式語言解決問題的程式設計程序如下：

1. 分析問題。
2. 構思問題的處理步驟，並繪出流程圖。
3. 選擇熟悉的電腦程式語言，並依據流程圖撰寫程式。
4. 程式執行結果，若符合問題的需求，則結束；否則，須重新檢視程序 1~3。

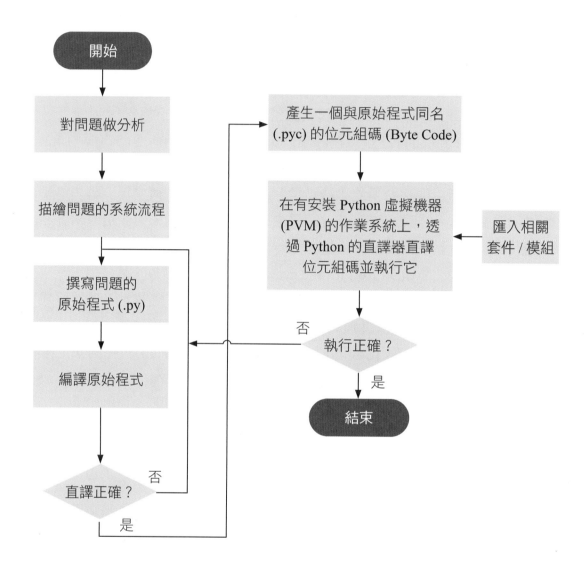

圖 1-1 程式設計流程圖

1-2 Python語言簡介

Python 語言，是 1990 年 Guido van Rossum 在荷蘭的數學和計算機科學研究學會 (CWI) 時所發表的程式語言，至 2020 年 10 月 5 日時，它的版本是 3.9.0。Python，是免費開放的跨平台程式語言。它的優缺點如下：

1. 語法簡單。指令比 C、Java 等語言來的簡單，學習速度快，效率高。

　 例：在螢幕上輸出「歡迎來到 Python 語言程式設計世界！」。

　　　(1) C語言的程式碼如下：

```
#include <stdio.h>
int main()
{
  printf("歡迎來到Python語言程式設計世界！");
}
```

　　　(2) Java語言的程式碼如下：

```
public class ShowData
{
  public static void main(String[] args)
  {
    System.out.print("歡迎來到Python語言程式設計世界！");
  }
}
```

　　　(3) Python語言的程式碼如下：

```
print("歡迎來到Python語言程式設計世界！") ;
或
print("歡迎來到Python語言程式設計世界！")
```

2. 同時具備程序導向、物件導向及函數導向三種設計模式的程式語言。程序導向設計模式是以程序為核心的一種程式設計觀念；物件導向設計模式是以物件為核心的一種程式設計觀念；函數導向設計模式是以函數為核心的一種程式設計觀念。因此，學會具備三種設計模式的Python語言後，再學習其他程式語言時，都能在短時間內上手。

3. 應用非常廣泛。可以用在網站架設、Android及iOS系統的手機App撰寫、LED 燈、馬達等各種硬體控制、大數據分析等，可說是一種萬用語言。

4. 缺點則是執行效率比不上 C 及 C++ 語言。

1-3 Python IDLE軟體簡介

撰寫原始程式 (Source Code) 之前，需先安裝一套整合發展環境 IDE (Integrated Development Environment)，讓程式的編輯、標準函式庫的引用、程式的編譯到程式的執行，都在同一個介面中完成，使學習程式設計事半功倍。Python 語言的整合開發環境有很多種，本書採用Python內建的整合開發學習環境 Python IDLE (Integrated Development and Learning Environment)，來完成所有的範例。

1-3-1 Python安裝

請依下列程序下載 Python 並安裝：

1. 請到Python官方網站：https://www.python.org/downloads/。

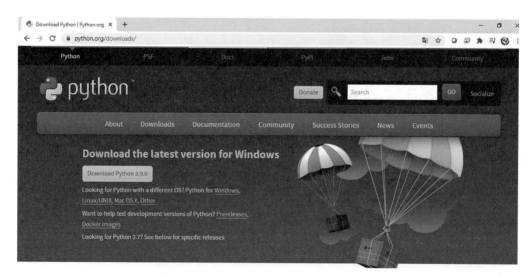

圖1-2 Python 官方網站

2. 點選「Download Python 3.9.0」。

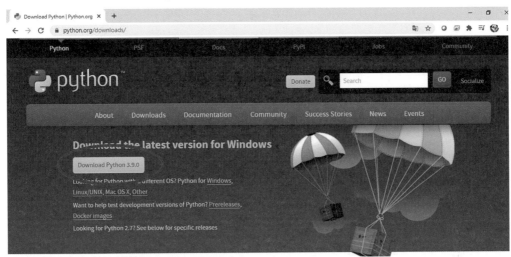

圖1-3 Python 下載步驟(一)

3. Python 的安裝程式「python-3.9.0-amd64.exe」下載進行中……，請稍後。下載完成後「python-3.9.0-amd64.exe」預設儲存在電腦本機的「下載」資料夾中。

[註] 不同時期下載的安裝程式，其檔名會有所不同。

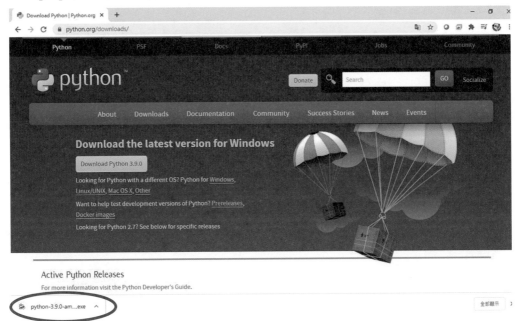

圖1-4 Python 下載步驟(二)

4. 執行「python-3.9.0-amd64.exe」，安裝 python。

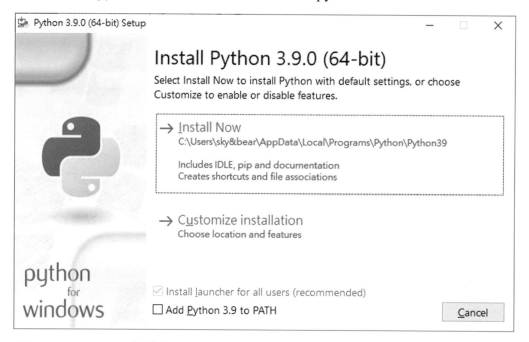

圖1-5　Python 安裝步驟(一)

5. 按「Customize installation」，這樣才能更改安裝路徑。

圖1-6　Python 安裝步驟(二)

6. 按「Next」。

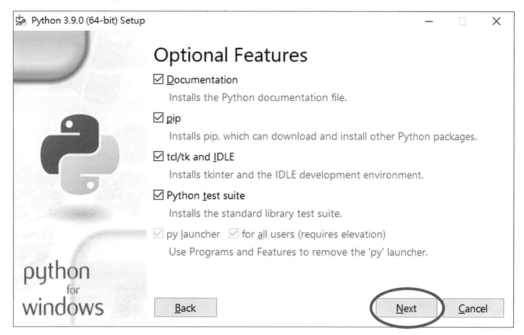

圖1-7　Python 安裝步驟(三)

7. 按「Browse」，選擇要安裝的路徑。

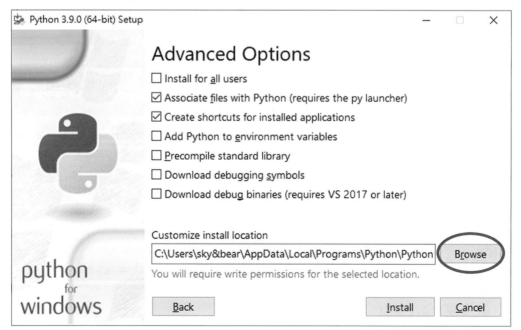

圖1-8　Python 安裝步驟(四)

8. 選擇完路徑後，按「Install」。

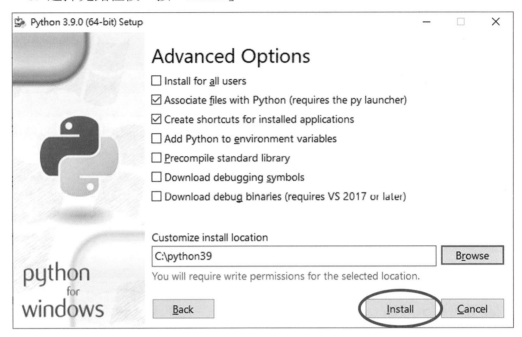

圖1-9　Python 安裝步驟(五)

9. Python 安裝進行中……。

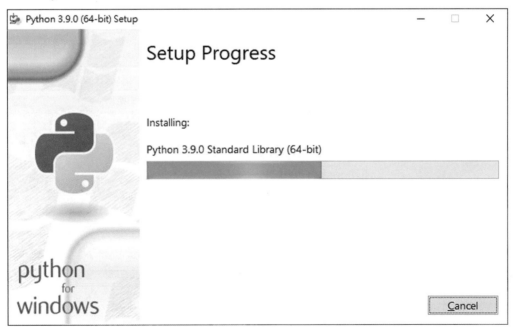

圖1-10　Python 安裝步驟(六)

10. 安裝成功後，按「Close」。

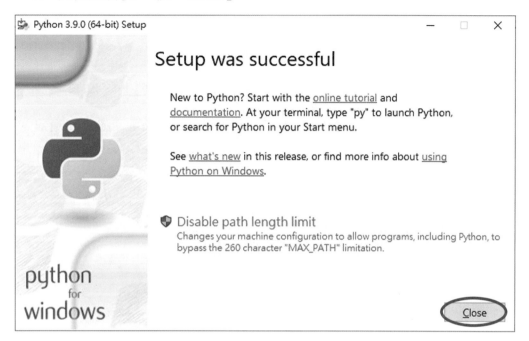

<u>圖**1-11**</u>　Python 安裝步驟(七)

1-3-2　建立 Python 語言的原始程式 (.py)

撰寫 Python 語言的原始程式之前，先按「開始 /IDLE(Python 3.9 64-bit) 應用程式」，啟動 Python 整合開發環境，如「圖1-12」。

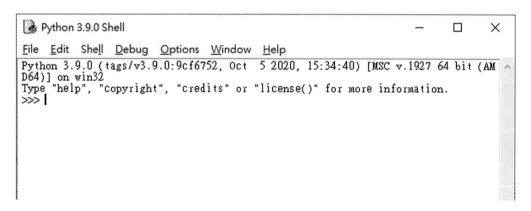

<u>圖**1-12**</u>　Python IDLE 畫面

第一次進入 Python IDLE 時，請依下列程序分別設定程式文字的字型大小，使程式撰寫時較輕鬆自在。

1. 點選功能表中的「Options/Configure IDLE」。

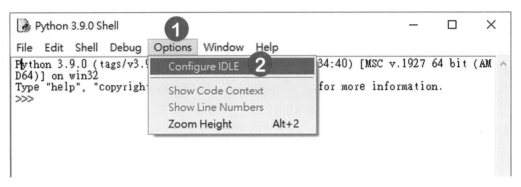

圖1-13　Python 字型設定(一)

2. 點選「Size」欄位鈕。

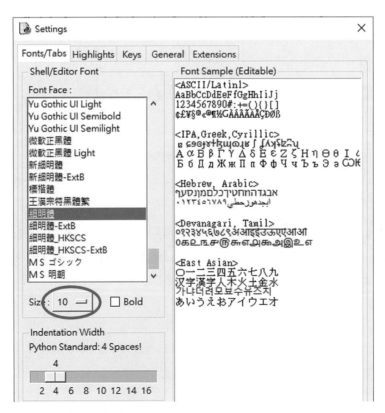

圖1-14　Python 字型設定(二)

3. 選擇適合的字型大小。

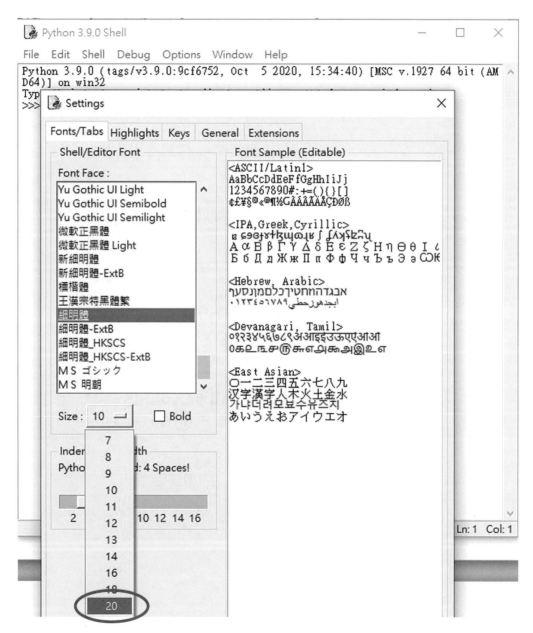

圖1-15　Python 字型設定(三)

4. 點選「Ok」鈕。

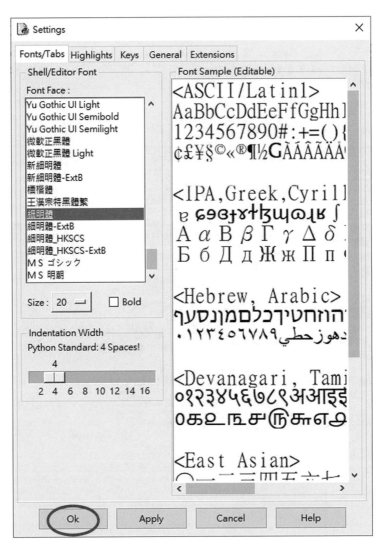

圖1-16　Python 字型設定(四)

5. 完成字型設定後的畫面。

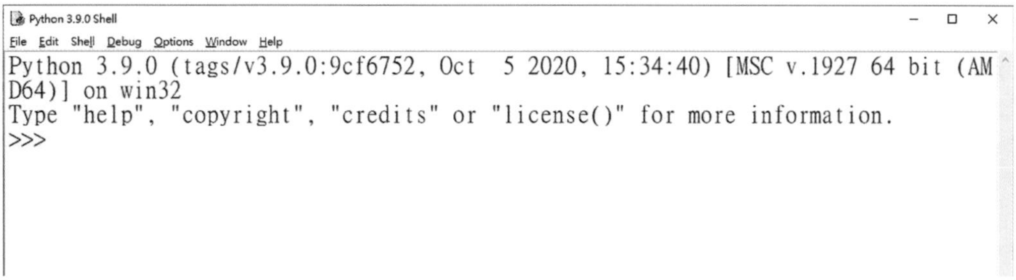

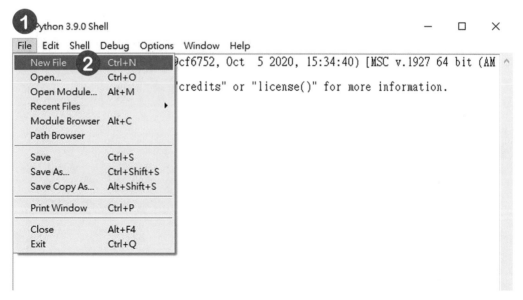

<u>圖1-17</u>　Python IDLE 畫面

　　如何建立 Python 語言的原始程式呢？在「D:\Python程式範例\ch01」資料夾中，建立 Python 語言的原始程式之程序如下：（以「範例1.py」為例說明）

1. 點選功能表中的「File/New File」。

<u>圖1-18</u>　Python IDLE 開啟新檔

2. 會出現一個標題列為「untitled」的視窗。

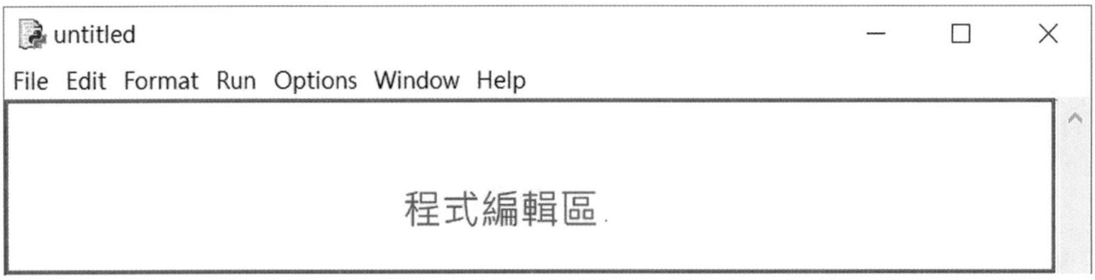

圖1-19　Python 撰寫畫面(一)

3. 在程式編輯區撰寫：

   print("歡迎來到無師自通的Python語言程式設計世界！")

   當檔案內容有更動時，標題列的檔案名稱前後會出現「＊」。

圖1-20　Python撰寫畫面(二)

4. 程式撰寫完成後，點選功能表中的「File/Save」，檔名設為「D:\ Python 程式範例\ch01**範例1.py**」，並按下「存檔 (S)」。

圖1-21　Python 存檔步驟

5. 存檔後，標題列會出現「**範例1.py** - D:/ython程式範例/ch01/**範例 1.py**」。

圖1-22　Python 存檔後畫面

6. 原始程式「範例 1.py」撰寫完成後，點選功能表中的「Run/Run Module」，對程式進行直譯。若程式直譯正確，則會執行程式，並顯示結果；否則會跳出錯誤的訊息視窗，了解後重新修改程式，並執行此步驟。

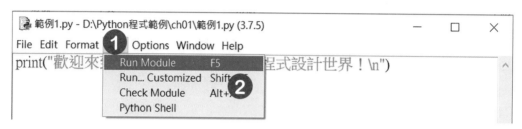

圖1-23　Python 執行步驟

7. 程式直譯後，執行的結果如下：

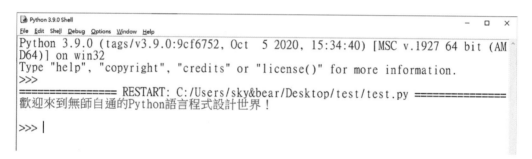

圖1-24　Python 執行結果

範例 1	寫一程式，輸出「歡迎來到無師自通的Python語言程式設計世界！」。

1
2
	# 在螢幕上，輸出：歡迎來到無師自通的Python語言程式設計世界！
	print("歡迎來到無師自通的Python語言程式設計世界！")

執行結果	歡迎來到無師自通的Python語言程式設計世界！

[程式說明]

- 程式第 1 列，「#」後的文字代表註解，作為說明之用，並不會被執行。
- 程式第 2 列「print( )」的作用，是將「""」（雙引號）中的文字顯示在螢幕（標準輸出裝置）上，然後換列。

♥ 1-4　良好的程式撰寫習慣

撰寫程式時，一定要考慮程式將來的維護及擴充。好的程式撰寫方式，能讓程式在維護上更方便，在擴充上更省錢。良好的程式撰寫習慣如下：

1. 一列一敘述：方便程式閱讀及除錯。
2. 善用註解功能：提高程式碼的可讀性，以及方便日後程式的維護和擴充。

♥ 1-5　提升讀者對程式設計之興趣

書中提到不少關於生活體驗及益智遊戲方面的程式範例，有助於讀者了解程式設計是如何解決生活中的問題，使學習程式設計不再那麼深奧難以親近，又能對生活經驗有多一層認識及重溫兒時的回憶，因而對學習程式設計的意願提高及產生興趣。

在生活體驗方面的範例，有統一發票對獎、加油金額計算、停車費計算、百貨公司買三千送三百活動、數學四則運算、文字跑馬燈及模擬行人走路等問題。在益智遊戲方面的範例，有井字 (OX)，踩地雷及五子棋等遊戲。

1-6　隨書光碟之使用說明

　　首先將隨書光碟內的程式檔，複製到「D:\Python範例程式」資料夾底下。接著依下列步驟，即可將書中的範例程式載入「IDLE (Python 3.9 64-bit)」整合開發環境中：

1. 進入「IDLE (Python 3.9 64-bit)」整合開發環境。
2. 在「IDLE (Python 3.9 64-bit)」整合開發環境中，點選功能表的「File/Open...」。
3. 選擇欲開啟的範例程式名稱，接著該範例程式就會出現在「IDLE (Python 3.9 64-bit)」整合開發環境中。

1-7　大學程式設計先修檢測 (Advanced Placement Computer Science, APCS)

　　「大學程式設計先修檢測」(Advanced Placement Computer Science, APCS)，是目前全台最具公信力的程式能力檢定之一，主要在檢測高中職生的程式設計能力，授予具公信力的程式設計能力等級，作為大學選才的參考依據。109 年「個人申請」有三十八個資訊相關科系組，將APCS成績列入第一階段的篩選、檢定項目中。希望就讀資工或資管的同學，務必關注下列三項重點。

1. 考試報名相關資訊：
   - 每年舉辦三次 APCS 考試，分別在 1 月、6 月及 10 月。
   - 採個別線上免費報名，開放報名大約在檢測日前二個月。
   - 每次報考，考試科目可任選。可重複報考，成績擇優採計。
   - 報名網址：https://apcs.csie.ntnu.edu.tw/
2. 考試科目及考試方式：
   APCS 的考試科目包含「程式設計觀念題」及「程式設計實作題」兩科，以中文命題，採線上測驗。「程式設計觀念題」為選擇題，以 C

語言命題，測驗題本兩份共 40 題，滿分 100，每份測驗題本考試時間 60 分鐘，中間休息 30 分鐘。「程式設計實作題」是以編寫程式為主，測驗題本 1 份共 4 題組，滿分 400，考試時間 150 分鐘。命題內容涵蓋範圍如下：

- 資料型態、常數、區域變數及全域變數。
- 控制結構：包括「if」、「if else」、「if else if else」及「switch」等控制結構。
- 迴路結構：包括「for」、「while」及「do while」等迴路結構。
- 函式。
- 遞迴。
- 陣列與結構。
- 基礎資料結構：包括佇列及堆疊。
- 基礎演算法：包括排序、搜尋、貪婪法則及動態規劃等演算法。

[註] 相關資訊，請參考 APCS 網頁：

　　https://apcs.csie.ntnu.edu.tw/index.php/questionstypes/

3. 成績等級計算：

- 「程式設計觀念題」等級分五級：0~29 分是一級、30~49 分是二級、50~69 分是三級、70~89 分是四級、90~100 分是五級。
- 「程式設計實作題」等級分五級：0~49 分是一級、50~149 分是二級、150~249 分是三級、250~349 分是四級、350~400 分是五級。

[註] 級分越高，表示具備程式設計的能力越高。

大學程式設計先修檢測 (APCS) 試題解析

一、程式設計觀念題

1. 程式編譯器可以發現下列哪種錯誤？（105/3/5 第18題）

(A) 語法錯誤

(B) 語意錯誤

(C) 邏輯錯誤

(D) 以上皆是

解 答案：(A)

編寫程式時，若違反程式語言的語法規則，則會產生編譯錯誤或連結錯誤。這兩類的錯誤，稱之為「語法錯誤 (Syntax Error)」

Chapter 2
資料型態

料，是任何事件的核心。不同事件所產生的資料各有差異，因應之道也不盡相同。例：隨著COVID-19新型冠狀肺炎疫情的嚴重與否，各國航空公司對航班的刪減程度會有所增減。

在程式設計中，不同問題所要處理的資料，在型態上也不盡相同。例一：「數值運算」問題，資料的型態理當為「數值」。例二：「地址填寫」問題，資料的型態理當為「文字」。

程式設計對資料的處理，包括資料輸入、資料運算及資料輸出三部分。因此，認識資料型態，是資料處理的基本課題。

♥ 2-1　資料型態

Python語言的資料型態，有int（整數）、float（浮點數）及str（字串）三種型態。整數型態又分成int（整數）及bool（布林）。浮點數型態又分成float及complex（複數）。

2-1-1　整數型態

沒有小數點的數值，稱為整數。整數型態分成以下兩種：

1. int（整數)：系統提供整數的範圍只受限於機器的記憶體大小，意味者要處理上百位數字的整數是很容易的。

2. bool（布林）：只有「True」及「False」這兩種常數。它主要是用來代表條件判斷式的結果，「True」代表「真」，「False」代表「假」。

2-1-2　浮點數型態

含有小數點的數值，稱為浮點數。Python提供常用的浮點數型態有以下兩種：

1. float（帶正負號的單精度浮點數）：float型態的資料範圍，由用於編譯Python之C、C#或Java所決定。儲存float型態的資料時，一般只能準確16~17位（整數位數+小數位數）。

2. complex（複數）：此型態包含一對float，一個表示實數部分，另一個表示虛數部分。即，一個複數的表示方式為：實數 ± 虛數j。

浮點數的表示方式，有以下三種：

1. 以一般常用的小數點方式來表示。例：9.8、-3.14、1.2等。
2. 以科學記號方式來表示。例：5.143e-21、-1.2E+6等。
3. 以一對float來表示複數。例：0.5j、-4+0j、1-3.7j等。

2-1-3 字串型態

放在一組「"」（雙引號）或一組「'」（單引號）中的文字，則稱為字串型態資料。例：「"早安"」及「'morning'」均為字串。

若要顯示特殊字元（例：「"」）或移動游標（例：換列），必須以一個「\」（逸出字元：Escape Character）作為開頭，後面加上該字元或該字元所對應的十六進位ASCII碼，才能將特殊字元顯示在螢幕上或移動游標。這種組合方式，稱為「逸出序列」(Escape Sequence)。逸出序列相關說明，請參考「表2-1」。

表 2-1 常用的逸出序列

逸出序列	作用	對應的十六進位ASCII碼	對應的十進位ASCII碼
\n	讓游標移到下一列的開頭，相當於按「Enter」鍵	0xA	10
\t	讓游標移到下一個定位格，相當於按「Tab」鍵	0x9	9
\"	顯示「"」	0x22	34
\'	顯示「'」	0x27	39
\\	顯示反斜線(\)	0x5C	92

[註]「定位格」位置，預設為水平的1、9、17、25、33、41、49、57、65及73。

　　若要輸出盤上沒有文字，則可使用以「\u」開頭，後面跟著4~5位的十六進位數字。例：" \u263A"，是「"☺"」對應的Unicode碼；"\u0041"，是「"A"」對應的Unicode碼。

[註]

- 在Unicode 國際標準碼中，定義各種字元符對應的代碼，每個代碼是介於 0 到 0x10FFF內的整數。

- 特殊文字或圖案對應的UniCode碼，請參考https://www.unicode.org/。

♡ 2-2　識別字

　　程式執行時，無論是輸入的資料或產生的資料，都是存放在電腦的記憶體中。那要如何存取記憶體中的資料呢？大多數的高階語言，都是透過常數識別字或變數識別字來存取其所對應的記憶體中之資料。

　　程式設計者自行命名的變數(Variable)、函式(Function)、參數(Parameter) 等名稱，都稱為識別字(Identifier)。識別字的命名規則如下：

1. 識別字名稱只能以「A~Z」、「a~z」或「_」（底線）為開頭。
2. 識別字名稱的第二個字（含）開始，只能是「A~Z」、「a~z」、「_」或「0~9」。
3. 盡量使用有意義的名稱，當作識別字名稱。
4. 識別字名稱有大小寫字母區分。若英文字相同但大小寫不同，則這兩個識別字名稱是不同的。
5. 不可使用保留字（或關鍵字）名稱，當作其他識別字的名稱。保留字為編譯器專用的識別字名稱，每一個保留字都有其特殊的意義，因此不能當作其他識別字名稱。Python語言的保留字，請參考「表2-2」。

表 2-2　Python語言的常用保留字

and	as	assert	break	class	continue
def	del	elif	else	except	finally
for	from	False	global	if	import
in	is	lambda	nonlocal	not	None
or	pass	raise	return	try	True
while	with	yield			

　　例：_sum、my_age及 my_class_1，都為合法的識別字名稱。

　　　　?x、b 1、c(2)及else，都不是合法的識別字名稱。

❤2-3　變數宣告

　　變數識別字(Variable Identifier)，是用來存取記憶體中之資料，內容可隨著程式進行而改變。

　　當我們要用變數識別字存取記憶體中的資料之前，必須先宣告變數識別字，電腦才會配置適當的記憶體空間給它們，接著其所對應的資料才能進行各種處理；否則編譯時可能會出現**未宣告識別字名稱**的錯誤訊息：

　　「**NameError: name '識別字名稱' is not defined**」。

[註] 若程式中未宣告的識別字名稱為A，則會出現「 NameError: name 'A' is not defined」。

　　宣告變數識別字並設定初始值的語法如下：

變數名稱＝資料

[語法結構說明]

- 若資料為數值，則變數為數值變數。若資料為字串，則變數為數值字串，以此類推。
- 宣告在函數內的變數識別字，代表區域變數，只能在該函數內被存取。
- 宣告在函數外面的「變數」識別字，代表全域變數，在程式中的任何位置都能存取它。若在函數內部要使用全域變數，則必須在函數內部需有宣告全域變數的敘述：「global 全域變數名稱」，然後才能使用全域變數，否則Python會把「變數」當成一般的「區域變數」來處理，若此時函式內又沒有宣告該「區域變數」，執行時會顯示錯誤訊息：

「local variable '變數名稱' referenced before assignment」

例：宣告三個變數a、b及c，其中a為浮點數變數且初始值為3.14159，b為字串變數且初始值為"Logic"，及c為布林變數且初始值為False。

解：a=3.14159
　　b="Logic"
　　c=False

　　「範例1」的程式碼，是建立在「D:\Python程式範例\ch02」資料夾中的「範例1.py」。

範例 1	寫一程式，顯示特殊字元及移動游標。
1 2	print("\"歡迎來到無師自通的Python語言程式設計世界！\"") print("A \t = \t \u263A \t = \t \u0041")
執行 結果	"歡迎來到無師自通的Python程式設計世界！" A　　　　=　　☺　　=　　　A

[程式說明]

- 「print( )」函式的作用，是將「( )」中的資料依序輸出到螢幕，並以一個空格隔開，最後還會換列。（參考「第三章資料輸入與輸出」）
- 程式第1列中的「\"」，其作用是將「"」顯示在螢幕上。
- 程式第2列中的「\t」，其作用是將「游標」移到下一個定位點；「\u263A」，代表「☺」字元。

2-4　資料處理

資料處理是程式設計的核心，若缺少這部分，就失去以程式來解決問題的意義。

資料處理是以運算式的形式來描述，而運算式是由運算元(Operand)與運算子(Operator)所組合而成。運算元可以是變數、運算式或函式等，運算子可以是指定運算子、算術運算子、遞增遞減運算子、比較（或關係）運算子或邏輯運算子等。

包含算術運算子的式子，稱之為算術運算式；包含比較（或關係）運算子的式子，稱之為比較（或關係）運算式；包含邏輯運算子的式子，稱之為邏輯運算式。

例：a + b * 2 - c％3 + 4 / d，其中「a」、「b」、「2」、「c」、「3」、「4」及「d」為運算元，而「+」、「*」、「-」、「％」及「/」為運算子。

2-4-1　指定運算子及各種複合指定運算子

指定運算子「=」的作用，是將「=」右方的值指定給「=」左方的變數。「=」的左邊必須為變數，右邊則可以為變數、常數、運算式或函式。

例：（程式片段）

　　a=1

b=2

將變數a及變數b相加後除以2的結果，指定給變數avg

avg = (a + b) / 2

當「＝」的左邊、右邊為同一變數時，利用複合指定運算子「+=」、「-=」、「*=」、「**=」、「//=」、「/=」或「%=」，可簡化此敘述的寫法。

例：（程式片段）

a=0

b=1

a += b　# 與 a = a + b 的意義相同

2-4-2　算術運算子

與數值運算有關的運算子，稱之為算術運算子。算術運算子的使用方式，請參考「表2-3」。

表 2-3　算術運算子的功能說明（假設a=1，b=2）

運算子	作用	例子	結果	說明
+	求兩數之和	a + b	3	數值可以是整數或浮點數
-	求兩數之差	a - b	-1	
*	求兩數之積	a * b	2	
**	求一數的另一數之次方	a ** b	1	
//	求兩數相除之商	a // 2	0	結果為整數
/	求兩數相除之商	a / 2	0.5	結果為浮點數
%	求兩數相除之餘數	a % 3	1	
+	將數字乘以「+1」	+(a)	1	數值可以是整數或浮點數
-	將數字乘以「-1」	-(a)	-1	

[註]

- 數字相除時，除數不能為0，否則執行時會出現錯誤。
- 例：使用「//」時，若除數為0，則會產生下列錯誤訊息：

  「ZeroDivisionError: integer division or modulo by zero」

  例：使用「/」時，若除數為0，則會產生下列錯誤訊息：

  「ZeroDivisionError: division by zero」

- %運算子兩邊的數值，最好都是使用整數，產生的結果也會是整數。

2-4-3　比較（或關係）運算子

比較運算子的作用，是在判斷不同的資料間的大小。若問題中有提到條件（或狀況），則必須利用比較運算子來處理。比較運算子通常撰寫在「選擇結構」或「迴圈結構」的條件中，請參考「第四章流程控制」及「第五章迴路結構」。比較運算子的使用方式，請參考「表2-4」。

表 2-4　比較運算子的功能說明（假設a=1，b=2）

運算子	作用	例子	結果
>	判斷「>」左邊的資料是否大於右邊的資料	a > b	False
<	判斷「<」左邊的資料是否小於右邊的資料	a < b	True
>=	判斷「>=」左邊的資料是否大於或等於右邊的資料	a >= b	False
<=	判斷「<=」左邊的資料是否小於或等於右邊的資料	a <= b	True
==	判斷「==」左邊的資料是否等於右邊的資料	a == b	False
!=	判斷「=」左邊的資料是否不等於右邊的資料	a != b	True

[註] 各種比較運算子的結果不是「True」，就是「False」。「False」，表示「假」；「True」，表示「真」。

2-4-4　邏輯運算子

　　邏輯運算子的作用，是連結多個比較（或關係）運算式來處理更複雜條件或狀況的問題。若問題中有提到多個條件（或狀況）要同時成立或部分成立，則必須利用邏輯運算子來處理。邏輯運算子通常撰寫在「選擇結構」或「迴圈結構」的條件中，請參考「第四章流程控制」及「第五章迴路結構」。邏輯運算子的使用方式，請參考「表2-5」。

表 2-5　邏輯運算子的功能說明（假設a=1，b=2）

運算子	作用	例子	結果
and	判斷「and」兩邊的比較運算式結果，是否都為「True」	(a>3) and (b<2)	False
or	判斷「or」兩邊的比較運算式結果，是否有一個為「True」	(a>3) or (b<=2)	True
not	判斷「not」右邊的比較運算式結果，是否為「False」	not (a>3)	True
^	判斷「^」兩邊的比較運算式結果，是否一邊為「True」且另一邊為「False」	(a>3) ^ (b<2)	False

[註] 各種邏輯運算子的結果不是「True」，就是「False」。「False」，表示「假」；「True」，表示「真」。

　　真值表，是比較運算式在邏輯運算子「and」、「or」、「not」或「^」處理後的所有可能結果，請參考「表2-6」。

表 2-6　and、or、not及^運算子之真值表

and（且）運算子		
A	B	A and B
False	False	False
False	True	False
True	False	False
True	True	True

or（或）運算子		
A	B	A or B
False	False	False
False	True	True
True	False	True
True	True	True

not（否定）運算子	
A	not A
False	True
True	False

^（互斥或）運算子		
A	B	A ^ B
False	False	False
False	True	True
True	False	True
True	True	False

[註]

- A及B分別代表任何一個比較運算式（即條件）。
- 「and」（且）運算子：當「and」兩邊的比較運算式之結果皆為「True」（即同時成立）時，其結果才為「True」；當「and」兩邊的比較運算式，有一邊的結果為「False」時，其結果都為「False」。
- 「or」（或）運算子：當「or」兩邊的比較運算式之結果皆為「False」（即同時不成立）時，其結果才為「False」；當「or」兩邊的比較運算式，有一邊的結果為「True」時，其結果都為「True」。
- 「not」（否定）運算子：當「not」右邊的比較運算式之結果為「False」時，其結果為「True」；當「not」右邊的比較運算式之結果為「True」時，其結果為「False」。
- 「^」（互斥或）運算子：當「^」兩邊的比較運算式，有一邊的結果為「True」且另一邊的結果為「False」（即，不同時成立）時，其結果都為「True」；當「^」兩邊的比較運算式的結果皆為「True」或皆為「False」（即，同時成立或不成立）時，其結果都為「False」。

2-4-5 位元運算子

位元運算子的作用，是在處理二進位整數。對於非二進位的整數，系統會先將它轉換成二進位整數，然後才能進行位元運算。位元運算子的使用方式，請參考「表2-7」。

表 2-7 位元運算子的功能說明（假設a=2，b=1）

運算子	運算子類型	作用	例子	結果	說明
&	二元運算子	將兩個整數轉成二進位整數後，對兩個二進位整數的每一個位元值做「&」（且）運算	a & b	0	1. 若兩個二進位整數對應的位元值，皆為1，則運算結果為1；否則為0 2. 將每一個對應的位元運算後的結果，轉成十進位整數，才是最後的結果
|	二元運算子	將兩個整數轉成二進位整數後，對兩個二進位整數的每一個位元值做「|」（或）運算	a | b	3	1. 若兩個二進位整數對應的位元值，皆為0，則運算結果為0；否則為1 2. 將每一個對應的位元運算後的結果，轉成十進位整數，才是最後的結果

運算子	運算子類型	作用	例子	結果	說明
^	二元運算子	將兩個整數轉成二進位整數後，對兩個二進位整數的每一個位元值做「^」（或互斥）運算	a ^ b	3	1. 若兩個二進位整數對應的位元值，一個為1另一個為0，則運算結果為1；否則為0 2. 將每一個對應的位元運算後的結果，轉成十進位整數，才是最後的結果
~	一元運算子	將整數轉成二進位整數後，對二進位整數的每一個位元值做「~」（否定）運算	~a	-3	1. 若二進位整數的位元值為0，則運算結果為1；否則為0 2. 若最高位元值為1，表示最後結果為負，則必須使用2的補數法（即，1的補數之後+1），將它轉成十進位整數
<<	二元運算子	將整數轉成二進位整數後，往左移動幾個位元，相當於乘以2的幾次方	a << 1	4	1. 往左移動後，超出儲存範圍的數字捨去，而右邊多出的位元就補上0 2. 若最高位元值為1，表示最後結果為負，則必須使用2的補數法（即，1的補數之後+1），將它轉成十進位整數

運算子	運算子類型	作用	例子	結果	說明
>>	二元運算子	將整數轉成二進位整數後，往右移動幾個位元，相當於除以2的幾次方	a >> 1	1	往右移動後，超出儲存範圍的數字捨去，而左邊多出的位元就補上0

例：3 | 2 = ？

解：3的二進位表示法如下：

0 0 0 0 0 0 0 0 0 0 0 0 0 0 0 0 0 0 0 0 0 0 0 0 0 0 0 0 0 0 1 1

2的二進位表示法如下：

0 0 0 0 0 0 0 0 0 0 0 0 0 0 0 0 0 0 0 0 0 0 0 0 0 0 0 0 0 0 1 0

0 0 0 0 0 0 0 0 0 0 0 0 0 0 0 0 0 0 0 0 0 0 0 0 0 0 0 0 0 0 1 1
|
0 0 0 0 0 0 0 0 0 0 0 0 0 0 0 0 0 0 0 0 0 0 0 0 0 0 0 0 0 0 1 0
----
0 0 0 0 0 0 0 0 0 0 0 0 0 0 0 0 0 0 0 0 0 0 0 0 0 0 0 0 0 0 1 1

故3 | 2=3。

例：3 << 2 = ？

解：3的二進位表示法如下：

0 0 0 0 0 0 0 0 0 0 0 0 0 0 0 0 0 0 0 0 0 0 0 0 0 0 0 0 0 0 1 1

3 << 2的結果之二進位表示法如下：

0 0 0 0 0 0 0 0 0 0 0 0 0 0 0 0 0 0 0 0 0 0 0 0 0 0 0 0 1 1 0 0
轉成十進位為12。

例：3 >二> 2 = ?

解：3的二進位表示法如下：

00000000000000000000000000000011

3 >> 2的結果之二進位表示法如下：

00000000000000000000000000000000
轉成十進位為0。

例：~3 = ?

解：3的二進位表示法如下：

00000000000000000000000000000011
~3的二進位表示法如下：

11111111111111111111111111111100
因最高位元值為1，所以~3的結果是一個負值。
使用2的補數法（＝1的補數＋1），將它轉成十進位整數。
(1) 做1的補數法：（0變1，1變0）

00000000000000000000000000000011
(2) 將(1)的結果+1：

00000000000000000000000000000100
故值為4，但為負的，即-4。

💙2-5 運算子的優先順序

運算式中的運算元被處理的順序，是由運算子的優先順序來決定，優先順序在前的運算子先處理，優先順序在後的運算子後處理。常用運算子的優先順序表，請參考「表2-8」。

表 2-8 常用運算子的優先順序

運算子 優先順序	運算子	說明
1	( )	小括號
2	**	次方
3	~	位元「否定」
4	+、-	取正號、取負號
5	*、//、/、%	乘、除、除、餘數
6	+、-	加、減
7	>>、<<	位元左移、位元右移
8	&	位元「且」
9	^	位元「或」、
10	|	位元「互斥或」
11	>、>= <、<=	大於、大於或等於 小於、小於或等於
12	==、!=	等於、不等於
13	not	邏輯「否定」
14	and	邏輯「且」
15	^	邏輯「互斥或」
16	or	邏輯「或」
17	=、+=、-=、*=、**=、//=、 /=、%=	指定運算及各種複合指定運算

2-6 資料型態轉換

運算式中的資料，若型態不同，那是如何處理的呢？資料處理的方式有下列兩種方式：

1. 資料型態自動轉換（或隱式型態轉換：Implicit Casting）：由編譯器來決定轉換成何種資料型態。編譯器會將數值範圍較小的資料態型轉

換成數值範圍較大的資料型態。數值型態的範圍，由小到大依序為
int、float。

例：（程式片段）

```
i = 1
j = 1.2345678
d = i + j
# 將1的值轉換為1.0，再執行1.0 + j  2.2345678
# 最後將2.2345678轉換為浮點數2.2345678，並指定給d
print("d = ", d)
# 輸出d = 2.23456779999999998
```

[註] 並不是所有的浮點數都能準確地儲存在記憶體中。

2. 資料型態強制轉換（或顯式型態轉換：Explicit Casting）：由設計者
   自行決定要轉成何種資料型態。當執行結果的資料型態不符合問題的
   要求時，設計者就必須對執行過程中的資料型態做強制轉換。

   資料型態強制轉換的語法如下：

資料型態(變數或運算式)

[註]

- 資料型態可以是int（整數）、float（浮點數）、complex（複數）及str
  （字串）。
- 注意：複數資料，不可轉換成整數或浮點數。

例：（程式片段）

```
a=1
b=2
# 將變數a及變數b相加後，再將除以2的結果去掉小數部分，
# 只取整數部分，然後再指定給變數avg
avg = int( (a + b) / 2 )
```

大學程式設計先修檢測 (APCS) 試題解析

一、程式設計觀念題

1. 如果X_n代表X這個數字是n進位，請問$D02A_{16}$ + 5487_{10}等於多少？
（105/10/29 第22題）

(A) $1100\ 0101\ 1001\ 1001_2$

(B) 162631_8

(C) 58787_{16}

(D) $F599_{16}$

解 答案：(B)

(1) $D02A_{16}$表示成二進位為1101000000101010_2，表示成十進位
為53290。$D02A_{16}$= 1101000000101010_2 > (A)的數據，因此，
$D02A_{16}$ + 5487_{10} > (A)的數據。

(2) $D02A_{16}$ = 1101000000101010_2 = 150052_8，5487_{10} = 12557_8 = (B)
的數據

$D02A_{16}$ + 5487_{10} = 150052_8 + 2557_8 =162631_8。

(3) 5487_{10} = $156F_{16}$

$D02A_{16}$ + 5487_{10} = $D02A_{16}$ + $156F_{16}$ = 58777_{16}。

2. 程式執行時，程式中的變數值是存放在（106/3/4 第23題）

(A) 記憶體

(B) 硬碟

(C) 輸出入裝置

(D) 匯流排

解 答案：(A)

3. 程式執行過中，若變數發生溢位情形，其主要原因為何？（106/3/4
第24題）

(A) 以有限數目的位元儲存變數值

(B) 電壓不穩定

(C) 作業系統與程式不甚相容

(D) 變數過多導致編譯器無法完全處理

解 答案：(A)

以有限數目的位元儲存變數值，但變數值是不正確的。

（請參考「2-1-1 整數型態」及「2-1-2 浮點數型態」）

4. 若a, b, c, d, e均為整數變，下列哪個算式計結果與a+b*c-e計算結果相
同？（106/3/4 第25題）

(A) (((a+b)*c) -e)

(B) ((a+b)*(c -e))

(C) ((a+(b*c)) -e)

(D) (a+((b*c) -e))

解 答案：(C)

乘法運算子的運算順序優於加減運算子，而加減運算子的運算
順序是一樣，但由左而右依序處理。故a+b*c-e的運算順序為
((a+(b*c)) -e)。

5. 若要邏輯判斷式！$(X_1 \| X_2)$計算結果為真(True)，則X_1與X_2的值分別
應為何？（106/3/4 第22題）

(A) X_1為False，X_2為False

(B) X_1為True，X_2為True

(C) X_1為True，X_2為False

(D) X_1為False，X_2為True

解 答案：(A)

「! (X_1 || X_2)」，用Python語法來寫為「not (X_1 or X_2)」。「not (X_1 or X_2)」的結果要為真 (True)，則「X_1 or X_2」的結果就要為假 (False)，則 X_1 要為假 (False)，且 X_2 也要為假 (False)。

6. 假設 x，y，z 為布林(boolean)變數，且 x=True，y=True，z=False。請問下面各布林運算式的真假值依序為何？（True表真，False表假）？（105/10/29 第14題）

- ! (y || z) || x
- ! y || (z || !x)
- z || (x && (y || z))
- (x || x) && z

(A) True False True False

(B) False False True False

(C) False True True False

(D) True True False True

解 答案：(A)

- ! (y || z) || x
- ! y || (z || !x)
- z || (x && (y || z))
- (x || x) && z

用Python語法來寫為

- not (y or z) or x
- not y or (z or not x)
- z or (x and (y or z))
- (x or x) and z

(1) not (y or z) or x → not (True) or x → False or x → True。

(2) not y or (z or not x) → not (True) or (z or False) → False or False → False。

(3) z or (x and) y or z) → z or (True or z) → z or True → True。

(4) (x or x) and z → True and z → False。

[註]「( )」的運算順序優於「not」,「not」的運算順序優於「and」及「or」,「and」及「or」的運算順序由左而右。

Chapter 3
資料輸入與輸出

資料是程式的核心，Python 語言對於資料輸入與資料輸出處理，都透過內建函數。其中「print」為輸出函數，主要的作用是將資料顯示在螢幕（標準輸出裝置）上；而「input」為輸入函數，主要的作用是從鍵盤（標準輸入裝置）輸入資料。

💜3-1　資料輸出

程式執行時，若要將資料顯示在螢幕上，則需使用「print」輸出函數來達成。

print的使用語法如下：

```
print(data1[,data2,…][, sep=' ', end='\n'])
```

[語法說明]

- 「[ ]」內的參數為選擇性的，可有可無。
- 參數「data1[,data2,…]」，代表要輸出的資料。若只有一個資料，則只需寫入一個，否則資料間必須用「,」間格。
- 參數「sep」用來設定資料間的分隔字元，預設值是一個「' '」（空格）。若要換成其他字元或字串，則需改成「sep='其他字元或字串'」。
- 參數「end」用來設定輸出資料的結尾文字，預設值是「'\n'」（換列字元）。若要換成其他字元或字串，則需改成「end='其他字元或字串'」。

　　「範例1」的程式碼，是建立在「D:\Python程式範例\ch03」資料夾中的「範例1.py」。以此類推，「範例4」的程式碼，是建立在「D:\Python程式範例\ch03」資料夾中的「範例4.py」。

範例 1	將資料輸出到螢幕上之應用練習。
1	name = "Logic"　　　　# str型態
2	age=36　　　　　　　　# int型態
3	blood="B"　　　　　　 # str型態
4	height=168.56　　　　　# float型態
5	money=10000000　　　　# int型態
6	print("12345678901234567890123456789012345678901234567890")
7	print("我是", name, "\t今年",age, "歲")
8	print("血型是", blood, "\t身高", height, "公分\t")
9	print("銀行存款", "%9d" % money ,"元")
執行 結果	12345678901234567890123456789012345678901234567890 我是 Logic　　　 今年 36 歲 血型是 B　　　　　 身高 168.56 公分 銀行存款　10000000 元

[程式說明]

- 程式第7及8列中的「\t」相當於水平定位鍵，預設的位置分別為1、9、17、25、33、41、49、57、65、73、……。
- 程式第9列中的「"%9d" % money」，是提供九個位置靠右輸出整數變數money的內容。
- 若要以指定的型態輸出多個變數，則需要將變數或常數寫在「( )」內。例："%9s %-8d" % (name, money)，表示提供九個位置靠右輸出字串變數name的內容，提供八個位置靠左輸出整數變數money的內容。

♥ 3-2　資料輸入

　　程式所取得的資料，來自程式的內部或外部。來自程式內部的資料，一種是資料直接寫在程式中，另一種是經由程式中的隨機亂數函式產生。

而來自程式外部的資料，包括從鍵盤輸入、從檔案讀取等。本節只針對以下兩種取得資料的方式做介紹，其他方式，請自行參考其他相關資源。

1. 在程式撰寫階段，直接將資料寫入程式中：因資料固定，程式每次的執行結果相同。這是取得資料最簡單的方式，適合處理固定類型的問題。（參考「範例2」）

2. 在程式執行階段，才從鍵盤輸入資料：依據使用者輸入不同的資料，執行結果也隨之不同。這種取得資料的方式，適合用於同類型的問題上。（參考「範例3」）

3. 在程式執行階段，資料才由亂數隨機產生。其目的在自動產生資料，使資料內容無法事先被掌握並得知結果。（請參考「第七章陣列」）

4. 在程式執行階段，才從檔案中讀取資料：當程式所需的資料量很多時，可事先將資料儲存在檔案中，程式執行時才從檔案中讀取出來。

程式執行時，若要從鍵盤輸入資料，則需使用「input」輸入函數來達成。

函數input的使用語法如下：

```
var1[,var2,…] = input([prompt])[.spilt()]
```

[語法說明]

- 「[ ]」內的參數為選擇性的，可有可無。
- 「var1[,var2,…]」，代表輸入資料所要存入的變數名稱。若只有一個變數名稱，則只須寫入一個，且無須填入「.spilt()」；否則變數名稱間必須要用「,」間格，且須填入「.spilt()」。輸入多個資料時，須以空白隔開。
- 透過「input()」輸入的資料，都是字串資料。
- 參數「prompt」，代表輸入資料時的提示文字。
- 「spilt( )」函數的作用，是以空白為分界點，將輸入的文字資料分割成數個資料，並分別存入對應的變數中。

範例 2	寫一程式，輸出8 * 8 = 64。
1 2 3	a=8 b=8 print(a, "*", b, "=", a*b)
執行 結果	8 * 8 = 64

範例3	寫一程式，經由鍵盤輸入直角三角形的兩股長，輸出其面積。
1	a,b=input("輸入直角三角形的兩股長，兩個長度之間以一個空白間格:").split()
2	a = float(a)
3	b = float(b)
4	print("直角三角形的面積 = ", (a * b) / 2)
執行 結果	直角三角形的兩股長，兩個長度之間以一個空白間格:10 20 直角三角形的面積 = 100.0

[程式說明]

- 程式第 1 列「a, b=input("輸入直角三角形的兩股長，兩個長度之間以一個空白間格:").split()」的目的，是輸入兩個文字資料並以空白間隔，然後以空白為分界點，將輸入的文字資料分割成兩個資料，並分別存入變數 a 及 b。
- 程式第 2 列「a = float(a)」的目的，是將變數 a 的內容轉換成浮點數，再指定給 a。字串資料要當數值資料來用時，使用前必須將字串資料轉換成數值資料。
- 程式第 3 列「b = float(b)」的目的，類似程式第 2 列。

 **練習 1**

寫一程式,經由鍵盤輸入正方形的邊長,輸出其面積。

3-3 浮點數之準確度

多數的浮點數型態資料,無法以有限的0或1儲存在記憶體中。因此,造成浮點數型態資料在判斷上或顯示時,與一般人正常的認知會有所出入。「float」型態的數值資料,儲存在記憶體中只能準確16~17位(整數位數+小數位數)。

範例 4	浮點數之準確度問題。
1	a=1.2345678901234567890
2	print("a=", a)
3	a=123.45678901234567890
4	print("a=", a)
執行 結果	a= 1.2345678901234567 a= 123.45678901234568 (有紅底色的部分,表示準確的數字)

大學程式設計先修檢測（APCS）試題解析

一、程式設計觀念題

1. 下方程式碼執行後輸出數值為何？（105/10/29第4題）

(A) 3
(B) 4
(C) 5
(D) 6

```
1  a=2
2  b=3
3  c=4
4  d=5
5  val = b // a + c // b + d // b
6  print(val)
```
Python語言寫法

```
1  int a=2, b=3;
2  int c=4, d=5;
3  int val;
4
5  val = b/a + c/b + d/b;
6  printf("%d\n", val);
```
C語言寫法

解 答案：(A)

val = 3 // 2 + 4 // 3 + 5 // 3 = 1 + 1 + 1 = 3。整數相除的結果為整數。

2. 下列程式碼是自動計算找零程式的一部分，程式碼中三個主要變數分別為 Total（購買總額），Paid（實際支付金額），Change（找零金額）。但是此程式片段有冗餘的程式碼，請找出冗餘程式碼的區塊。

（105/10/29第19題）

(A) 冗餘程式碼在A區
(B) 冗餘程式碼在B區
(C) 冗餘程式碼在C區
(D) 冗餘程式碼在D區

```
1  …
2  Change=Paid-Total
3  print("500 : ", "%d" % ((Change - Change % 500) / 500), "pieces")
4  Change = Change % 500
5
6  print("100 : ", "%d" % ((Change - Change % 100) / 100), "coins")
7  Change = Change % 100
8
9  # A區
10 print("50 : ", "%d" % ((Change - Change % 50) / 50), "coins")
11 Change = Change % 50
12
13 #B區
14 print("10 : ", "%d" % ((Change - Change % 10) / 10), "coins")
15 Change = Change % 10
16
17 # C區
18 print("5 : ", "%d" % ((Change - Change % 5) / 5), "coins")
19 Change = Change % 5
20
21
22 #D區
23 print("1: ", "%d" % ((Change - Change % 1 / 1), "coins")
24 Change = Change % 1
```

Python語言寫法

```
1  int Total, Paid, Change;
2  …
3  Change = Paid - Total;
4  printf("500 : %d pieces\n", (Change - Change % 500) / 500);
5  Change = Change % 500;
6
7  printf("100 : %d coins\n", (Change - Change % 100) / 100);
8  Change = Change % 100;
9
10 // A 區
11 printf("50 : %d coins\n", (Change - Change % 50) / 50);
12 Change = Change % 50;
13
14 // B 區
15 printf("10 : %d coins\n", (Change - Change % 10) / 10);
16 Change = Change % 10;
17
18 // C 區
19 printf("5 : %d coins\n", (Change - Change % 5) / 5);
20 Change = Change % 5;
21
22 // D 區
23 printf("1 : %d coins\n", (Change - Change % 1) / 1);
24 Change = Change % 1;
```

C語言寫法

解 答案：(D)

冗餘程式碼是指多餘的程式碼。

1元的個數在程式第23列已經輸出，故程式第24列「Change = Change％1」可省略。冗餘程式碼在D區。

Chapter 4
流程控制

對任何發生的事件，人只要有在思考，都會想盡辦法去處理它。例：2019年出現的Coronavirus (COVID-19) 事件，為了防止被傳染，大家都戴上口罩保護自己。汽機車上油表指針的所在位置，是駕駛人決定加油與否的關鍵因素。若決策不正確，則結果將不如預期或更糟。由此可見，事件的決策與事件的發展互為因果關係。

4-1　程式流程控制

　　世界的事物，總是變來變去的。季風，隨季節交替而變換方向。情緒，隨人的心境不同而有所起伏。同樣地，程式的執行流程，隨決策條件的結果不同而選擇不同的走向。Python語言的流程控制，有下列三種：

1. 循序結構：程式敘述由上往下逐一執行的架構。循序結構的執行流程，請參考「圖4-1」。

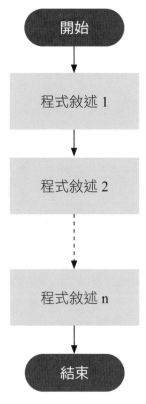

圖 4-1　循序結構流程圖

2. 選擇結構：包含一組條件的決策架構。若條件結果為「True」（真），則執行某一區塊的程式敘述；若條件結果為「False」（假），則執行另一區塊的程式敘述。請參考「4-2 選擇結構」。

3. 迴路結構：包含一組條件的重複架構。若條件結果為「True」，則會執行迴路內部的程式敘述；若條件結果為「False」，則不會進入迴路結構內部。若進入迴路結構的內部，則內部的程式敘述執行完後，會再次檢查條件，以決定能否再進入迴路內部。請參考「第五章迴路結構」。

💜 4-2　選擇結構

選擇就是決策，決策就是判斷，需有條件才能做出判斷。當一個事件有附帶條件時，用選擇結構來呈現條件是最合適的方式。Python語言的選擇結構有以下三種：

1. if ...：用於單一條件的事件。
2. if ... else ...：用於有兩種條件的事件。
3. if ... elif ... else ...：用於有三種（含）以上條件的事件。

4-2-1　if ... 選擇結構

若一個事件只有一種條件，則用選擇結構「if ...」來撰寫是最合適的。選擇結構「if ...」的語法架構如下：

```
if(條件):
  程式敘述區塊

程式敘述
...
```

[語法架構說明]

- 注意，「if(條件)」後面要有「:」（冒號）。
- 「if (條件)」底下的「程式敘述區塊」必須往右靠，代表它屬於選擇結構「if ...」的一部分，否則編譯時會出現語法錯誤。

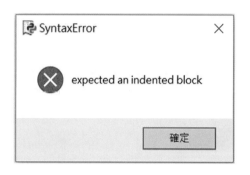

　　當程式流程執行到選擇結構「if ...」的起始列時，會先檢查「條件」，若「條件結果」為「True」，則執行「if (條件)」底下內縮的程式敘述區塊，接著執行選擇結構「if ...」外的第一個程式敘述；若「條件結果」為「False」，則直接跳到選擇結構「if ...」外的第一個程式敘述去執行。選擇結構「if ...」之執行流程，請參考「圖4-2」。

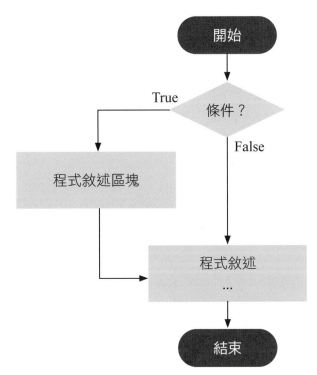

圖 4-2 if ... 選擇結構流程圖

「範例1」的程式碼，是建立在「D:\Python程式範例\ch04」資料夾中的「範例1.py」，以此類推，「範例7」的程式碼，是建立在「D:\Python程式範例\ch04」資料夾中的「範例7. py」。

範例 1	寫一程式，輸入本期的統一發票頭獎號碼及手中的統一發票號碼，輸出是否至少獲得200元獎金。 [提示] 若手中的統一發票號碼末3碼與本期開獎的統一發票頭獎號碼末3碼一樣時，至少獲得200元獎金。

1
2
3
4
5
6
7
8
9
10
	print("輸入本期開獎的統一發票頭獎號碼(8碼):")
	topprize=input()
	topprize=int(topprize)
	
	print("輸入本期手中的統一發票號碼(8碼):")
	num=input()
	num=int(num)
	
	if (num %1000 == topprize % 1000) : #末3碼一樣時
	　print("至少獲得200元獎金")

執行 結果	輸入本期開獎的統一發票頭獎號碼:33657726 輸入本期手中的統一發票號碼:12351726 至少獲得200元獎金

[程式說明]

- 程式第2列和第6列的「input( )」的作用，是要使用者從鍵盤輸入資料。

- 程式第3列「int(topprize)」和第7列「int(num)」的作用，是分別將變數topprize和變數num的內容轉換成整數。

- 流程圖如下：

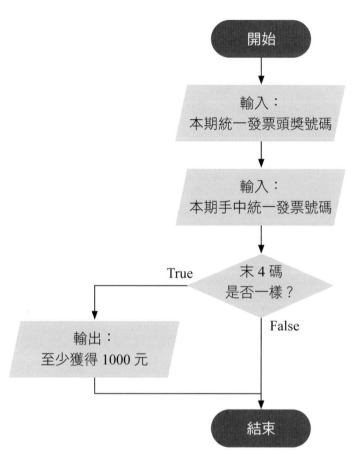

範例 1 流程圖

範例 2	寫一程式，輸入藥費，輸出其所對應的藥品部分負擔費用。（限用單一選擇結構 if ...）						
	[提示] 全民健保自 108/03 起，藥品部分負擔費用對照表如下：						
	藥費	0~100	101~200	201~300	301~400	401~500	501~600
	藥品部分負擔	0	20	40	60	80	100
	藥費	601~700	701~800	801~900	901~1000	1001 以上	
	藥品部分負擔	120	140	160	180	200	

1	print("輸入藥費(>0):")
2	drug_money=input()
3	drug_money=int(drug_money)
4	drugselfpay = (drug_money - 1) // 100 * 20
5	if (drugselfpay > 200) :
6	drugselfpay = 200
7	print("藥品部分負擔費用:", drugselfpay, "元")

執行結果	輸入藥費(>0): 105 藥品部分負擔費用:20元

[程式說明]

- 程式第4列中的「(drug_money - 1) // 100」，是取得「drug_money - 1」除以100的整數商。
- 流程圖如下：

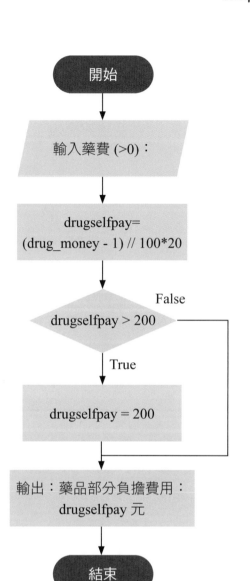

範例 2 流程圖

練習 1

　　寫一程式，輸入加油金額及是否持有VIP卡(若有VIP卡，則打9折)，輸出應付金額。

4-2-2　if ... else ... 選擇結構

當一個事件有兩種條件時，使用選擇結構「if ... else ...」來撰寫是最合適的。選擇結構「if ... else ...」的語法架構如下：

```
if (條件) :
    程式敘述區塊1
else :
    程式敘述區塊2


程式敘述
...
```

[語法架構說明]

- 注意，「if (條件)」及「else」後面要有「:」（冒號）。
- 「if (條件)」及「else」底下的「程式敘述區塊」必須往右靠，代表它屬於選擇結構「if ... else ...」的一部分，否則編譯時會出現語法錯誤。

當程式流程執行到選擇結構「if ... else ...」的起始列時，會先檢查「條件」，若「條件結果」為「True」，則執行「if (條件)」底下的程式敘述區塊1，然後跳到選擇結構「if ... else ...」外的第一個程式敘述去執行；若「條件結果」為「False」，則執行「else」底下的程式敘述區塊2，接著執行選擇結構「if ... else ...」外的第一個程式敘述。選擇結構「if ... else ...」之執行流程，請參考「圖4-3」。

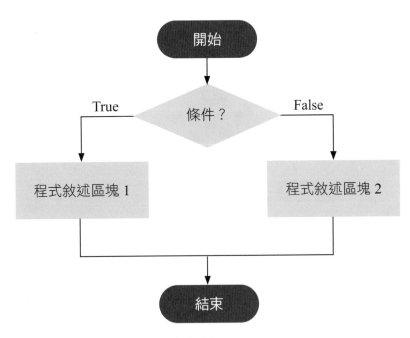

圖 4-3　if ... else ... 選擇結構流程圖

範例 3	寫一程式，輸入體溫，輸出是否發燒。 [提示] 體溫若大於或等於37.5度，則表示發燒；否則表示正常。
1	temperature=input("輸入體溫:")
2	temperature=float(temperature)
3	if (temperature >= 37.5) :
4	print("發燒\n")
5	else :
6	print("正常\n")
執行 結果	輸入體溫: 36.3 正常

[程式說明]

• 流程圖如下：

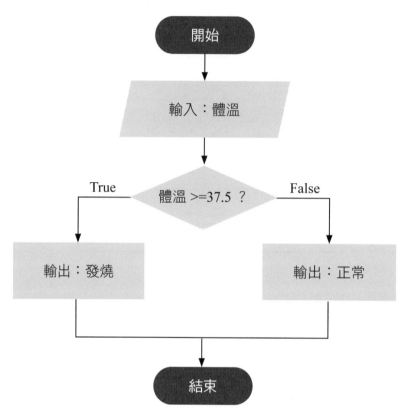

範例 3　流程圖

範例 4	寫一程式，輸入一整數，判斷是否為四位數的整數。
1	num=input("輸入一整數:")
2	num=int(num)
3	if (num < 1000 or num > 9999)
4	print(num,"不是四位數的整數")
5	else :
6	print(num, "為四位數的整數")
執行 結果	輸入一整數: 1234 1234為四位數的整數

[程式說明]

• 流程圖如下：

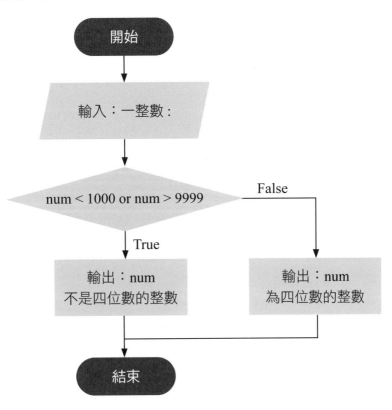

範例 4 流程圖

練習2

寫一程式，輸入三角形的三邊長a、b 及c，判斷是否可以構成一個三角形。

4-2-3 if ... elif ... else ... 選擇結構

當一個事件有三種（含）以上條件時，使用選擇結構「if ... elif ... else ...」來撰寫是最合適的。選擇結構「if ... elif ... else ...」的語法架構如下：

```
if (條件1) :
   程式敘述區塊1
elif (條件2) :
   程式敘述區塊2

.

.

.

elif (條件n) :
   程式敘述區塊n
else :
   程式敘述區塊(n+1)


程式敘述
…
```

[語法架構說明]

- 注意，「if (條件1)」、「elif (條件2)」、……、「elif (條件n)」及「else」後面要有「:」（冒號）。

- 「if (條件1)」、「elif (條件2)」、……、「elif (條件n)」及「else」底下的「程式敘述區塊」必須往右靠，代表它屬於選擇結構「if ... elif ... else ...」的一部分，否則編譯時會出現語法錯誤。

　　當程式流程執行到選擇結構「if ... elif ... else ...」的起始列時，會先檢查「條件1」，若「條件1結果」為「True」，則會執行「條件1」底下的程式敘述區塊1，接著跳到選擇結構「if ... elif ... else ...」外的第一個程式敘述去執行；若「條件1結果」為「False」，則會去檢查「條件2」，若「條件2結果」為「True」，則會執行「條件2」底下的程式敘述區塊2，

然後跳到選擇結構「if ... elif ... else ...」外的第一個程式敘述去執行；若「條件2結果」為「False」，則會去檢查「條件3」；以此類推，若「條件1」、「條件2」、……及「條件n」的結果都為「False」，則會執行「else」底下的程式敘述區塊(n+1)，接著執行下面的程式敘述。選擇結構「if ... elif ... else ...」之執行流程，請參考「圖4-4」。

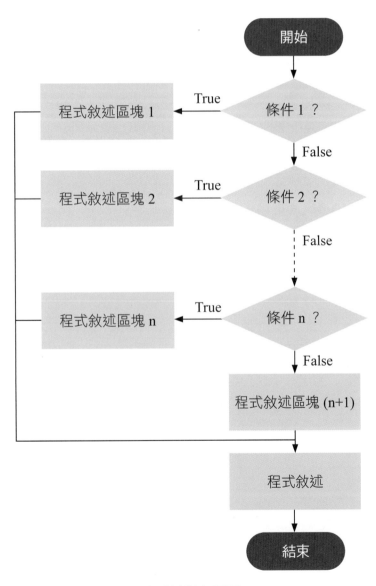

圖 4-4 if ... elif ... else ... 選擇結構流程圖

　　選擇結構「if ... elif ... else ...」中的「else 程式敘述區塊(n+1)」是選擇性的。若省略，則選擇結構「if ... elif ... else ...」內的程式敘述區塊，有可能全部都沒被執行到。

範例 5	寫一程式，輸入冷氣溫度，輸出冷氣風速。 [假設]冷氣溫度24(含)度以下:自動設為微風，25~28度:自動設為弱風，29(含)度以上:自動設為強風。
1 2 3 4 5 6 7 8 9 10	temperature=input("輸入冷氣溫度:") temperature=int(temperature) if (temperature >= 29) : 　　print("冷氣風速:強風") elif (temperature >= 25) : 　　print("冷氣風速:弱風") else : 　　print("冷氣風速:微風")
執行 結果	輸入冷氣溫度: 25 冷氣風速:弱風

[程式說明]

• 流程圖如下：

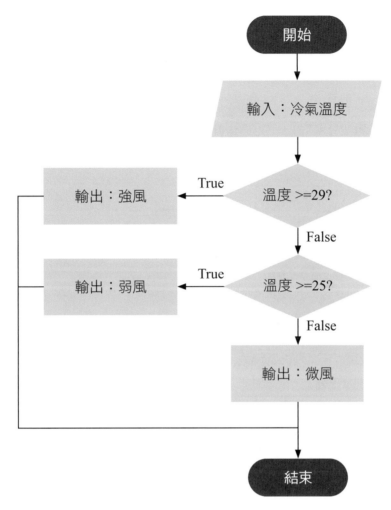

<u>範例 5</u>　流程圖

範例 6	寫一程式，輸入平面座標上的一點(x,y)，判斷(x,y)是位於哪一個象限 內或x軸上或y軸上？

1	x, y=input("輸入平面座標上的一點(x,y)(以空白間格):").split()
2	x=int(x)
3	y=int(y)
4	if (x == 0) :
5	print("(", x, ",", y, ")位於y軸上")
6	elif (y == 0) :
7	print("(", x, ",", y, ")位於x軸上")
8	elif (x > 0 and y > 0) :
9	print("(",x , ",", y, ")位於第一象限內")
10	elif (x < 0 and y > 0) :
11	print("(", x, ",", y, ")位於第二象限內")
12	elif (x < 0 and y < 0) :
13	print("(", x , ",", y, ")位於第三象限內")
14	else :
15	print("(", x, ",", y, ")位於第四象限內")
執行結果	輸入平面上一點的x座標及y座標，x與y之間以一個空白間格: 3 0 (3,0)位於x軸上

[程式說明]

• 流程圖如下：

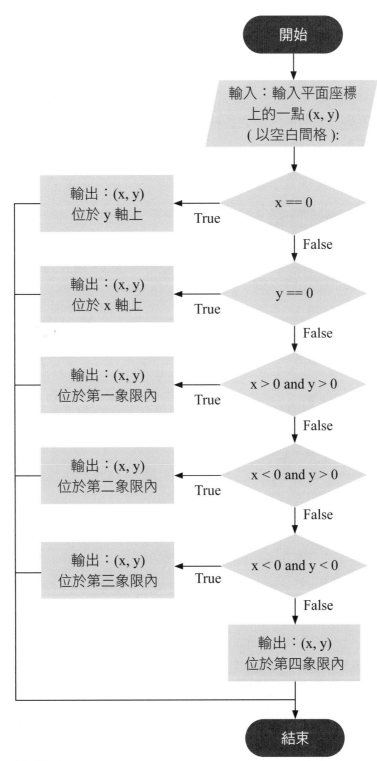

範例 6　流程圖

寫一程式，輸入電台編號，輸出電台名稱。

[假設] 編號1：中廣；編號2：警廣，編號3：漢聲，其他：輸入錯誤。

♥ 4-3　巢狀選擇結構

　　在一個選擇結構中，若包含其他選擇結構，則這種架構稱之為巢狀選擇結構。當一個問題涉及兩個（含）以上條件且同時要成立，就可用巢狀選擇結構來撰寫。

範例7	寫一程式，輸入西元年分，輸出是否為閏年。 [提示] 西元年分符合下列兩個條件之一，則為閏年。 (1)若年分為400的倍數。 (2)若年分不是100的倍數，但為4的倍數。

1
2
3
4
5
6
7
8
9
10
11
12
	year=input("輸入西元年分:")
	year=int(year) #把輸入到year的字串，轉換成整數
	if (year % 400 == 0) : # 年分為400的倍數
	　print("西元", year, "年是閏年")
	else:
	　if (year % 100 != 0) : #年分不是100的倍數
	　　if (year % 4 == 0) : #年分為4的倍數
	　　　print("西元", year, "年是閏年")
	　　else :
	　　　print("西元", year, "年不是閏年")
	　else : #年分不是4的倍數
	　　print("西元", year, "年不是閏年")

執行 結果	請輸入西元年分: 2020 西元2020年是閏年

[程式說明]

- 巢狀選擇結構，也可改用一般的選擇結構結合邏輯運算子來撰寫。
- 本例雖然只提到兩條件，但其實隱藏了「在其他條件下為非閏年」的第三個條件。因此，程式的第4~12列，可以改成下列寫法：

```
# (年分為400的倍數) 或 (年分為4的倍數，且不為100的倍數)
if (year % 400 ==0) :
    print("西元", year, "年是閏年")
elif (year % 100 != 0 and year % 4 == 0) :
    print("西元", year, "年是閏年")
else :
    print("西元", year, "年不是閏年")
```

- 流程圖如下：

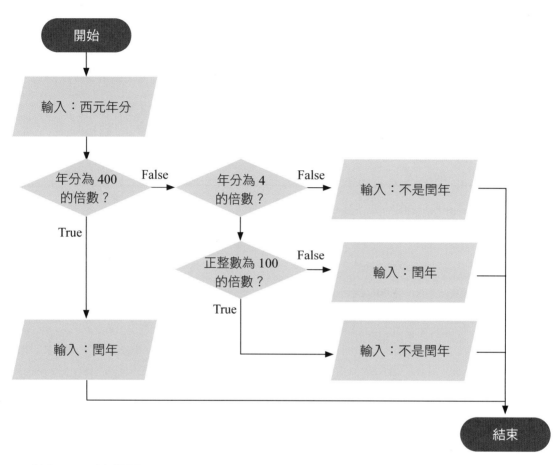

範例 7　流程圖

 練習4

　　寫一程式，輸入一個正整數，輸出是否為2或5或10的倍數？

大學程式設計先修檢測 (APCS) 試題解析

一、程式設計觀念題

1. 下方程式執行過後所輸出數值為何？（105/3/5 第16題）

(A) 11

(B) 13

(C) 15

(D) 16

```
1
2   count=10
3   if (count > 0) :
4       count=11
5
6   if (count > 10) :
7     count=12
8     if (count % 3 == 4) :
9         count=1
10
11    else :
12        count=0
13
14
15  elif (count > 11) :
16      count=13
17
18  else:
19      count=14
20
21  if (count) :
22    count=15
23
24  else:
25    count=16
26
27
28  print(count)
29
```
Python語言寫法

```
1   void main( ) {
2       int count = 10;
3       if (count > 0) {
4           count = 11;
5       }
6       if (count > 10) {
7           count = 12;
8           if (count % 3 == 4) {
9               count = 1;
10          }
11          else {
12              count = 0;
13          }
14      }
15      else if (count > 11) {
16          count = 13;
17      }
18      else {
19          count = 14;
20      }
21      if (count) {
22          count = 15;
23      }
24      else {
25          count = 16;
26      }
27
28      printf("%d\n", count);
29  }
```
C語言寫法

解 答案：(D)

(1) 程式第 3~5 列的條件為真，所以 count=11。

(2) 程式第 6~20 列的條件「count > 10」為真，且第 8~13 列的條件「count % 3 == 4」為假，所以 count=0。

(3) 程式第 21~26 列的條件「count」為假，所以 count=16。

[註] if (count) 就是 if (count != 0)。

所以，最後輸出16。

2. 下方是依據分數 s 評定等第的程式碼片段，正確的等第公式應為：

90~100判為A等

80~89判為B等

70~79判為C等

60~69判為D等

0~59判為F等

這段程式碼在處理0~100的分數時，有幾個分數的等第是錯的？

（105/10/29 第9題）

(A) 20

(B) 11

(C) 2

(D) 10

```python
1   if (s >= 90) :
2       print("A" )
3
4   elif (s >= 80) :
5       print("B" )
6
7   elif (s > 60) :
8       print("D")
9
10  elif (s > 70) :
11      print( "C" )
12
13  else :
14      print("F" )
15
```
Python語言寫法

```c
1   if (s >= 90) {
2       printf("A\n" );
3   }
4   else if (s >= 80) {
5       printf("B\n" );
6   }
7   else if (s > 60) {
8       printf("D\n");
9   }
10  else if (s > 70) {
11      printf( "C\n" );
12  }
13  else {
14      printf("F\n" );
15  }
```
C語言寫法

解 答案：(B)

程式第7~9列的條件「s>60」與第10~12列的條件「s>70」的順序
寫顛倒，造成分數在79~70對應的等第是D，60對應的等第是F。
所以，有11個分數的等第是錯。

二、程式設計實作題

1. 問題描述（106/10/28 第1題—邏輯運算子(Logic Operators)）

小蘇最近在學三種邏輯運算子AND、OR和XOR。這三種運算子都是
二元運算子，也就是說在運算時需要兩個運算元，例如a AND b。對
於整數a與b，以下三個二元運算子的運算結果定義如下列三個表格：

a AND b	b為0	b不為0
a為0	0	0
a不為0	0	1

a OR b	b為0	b不為0
a為0	0	1
a不為0	1	1

a XOR b	b為0	b不為0
a為0	0	1
a不為0	1	0

舉例來說：

(1) 0 AND 0的結果為0，0 OR 0及0 XOR 0的結果也為0。

(2) 0 AND 3的結果為0，0 OR 3以及0 XOR 3的結果則為1。

(3) 4 AND 9的結果為1，4 OR 9的結果也為1，但4 XOR 9的結果
為0。

請撰寫一個程式，讀入a、b以及邏輯運算的結果，輸出可能的邏
輯運算為何。

輸入格式

輸入只有一行，共三個整數值，整數間以一個空白隔開。第一個
整數代表a，第二個整數代表b，這兩數均為非負的整數。第三個
整數代表邏輯運算的結果，只會是0或1。

輸出格式

　　輸出可能得到指定結果的運算，若有多個，輸出順序為AND、OR、XOR，每個可能的運算單獨輸出一行，每行結尾皆有換行。若不可能得到指定結果，輸出IMPOSSIBLE。（注意輸出時所有英文字母均為大寫字母。）

範例一：輸入	範例二：輸入
0 0 0	1 1 1
範例一：正確輸出	範例二：正確輸出
AND	AND
OR	OR
XOR	

範例三：輸入	範例四：輸入
3 0 1	0 0 1
範例三：正確輸出	範例四：正確輸出
OR	IMPOSSIBLE
XOR	

評分說明

　　輸入包含若干筆測試資料，每一筆測試資料的執行時間限制(time limit)均為1秒，依正確通過測資筆數給分。其中：

第1子題組80分，a 和 b 的值只會是 0 或 1。

第2子題組20分，$0 \leq a, b < 10,000$。

Chapter 5
迴路結構

生活中常見的重複性事件，有洗衣服、存提款等。為了處理重複性事件，各種工具因此孕育而生。例，發明洗衣機清洗衣物、發明存提款機處理貨幣交易等。

　　這種重複性的架構，在程式設計中，我們稱之為迴路結構。若一個問題重複處理同樣的敘述且使用的資料無論是否相同，則用迴路結構來描述這樣的現象是最合適的。Python語言提供的迴路結構，有「for」及「while」兩種。

♥ 5-1 　迴路結構

　　迴路結構是內含一組條件的重複結構，條件通常是由算術運算式、關係運算式或邏輯運算式組合而成。當程式執行到迴路結構時，是否重複執行迴路內部的程式敘述，是由迴路條件來決定。若迴路條件的結果為「True」(真)，則會進入迴路中並執行內部的程式敘述；若迴路條件的結果為「False」(假)，則直接跳到迴路結構外的第一列程式敘述並執行之。例：正常狀況下，學生在下課休息時間內是可以自由活動的，否則必須回教室上課。迴路結構之運作方式，請參考「圖5-1」。

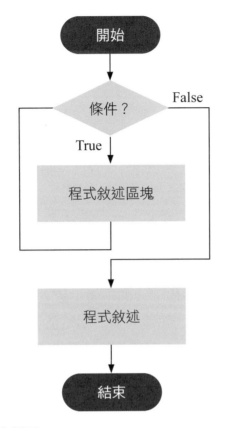

<u>圖 **5-1**</u>　迴路結構流程圖

[註] 若迴路條件的結果一開始就為「False」，則迴路內部的程式敘述，
　　一次都不會被執行。

5-1-1　for迴路結構

　　若問題需用迴路結構來撰寫，且知道迴路結構內的程式敘述會被重複
執行幾次，則使用「for」迴路結構來撰寫是最合適的。從「for」迴路結
構的起始列中，可以算出迴路結構內的程式敘述會被重複執行幾次，故
「for」迴路又被稱為「計數」迴路。

　　「for」迴路結構的語法架構如下：

---

for 變數 **in range** (初始值, 條件值, 變化量) :
　　　程式敘述區塊

[語法架構說明]

- 在「range ( )」裡面，必須用「,」將三個數值隔開。「初始值」、「條件值」及「變化量」必須都是整數
- 在「for」迴路結構首列後面，一定要有「:」。
- 在「for」迴路結構中的每一列程式敘述，都必須比「for」的位置再往右至少一個空格。
- 若「初始值」<「條件值」，則「變化量」必須為正整數，才有機會執行迴路結構內的程式敘述。若「初始值」>「條件值」，則「變化量」必須為負整數，才有機會執行迴路結構內的程式敘述。

　　　若迴路結構的「初始值」<「條件值」，則程式流程執行到「for」迴路結構的起始列時，其執行步驟如下：

步驟1　設定迴路變數=初始值。

步驟2　檢查「迴路變數」是否**小於**「條件值」？若為「True」，則執行步驟3；若為「False」，則直接跳到「for」迴路結構外的第一列敘述。

步驟3　執行「for」迴路結構內的程式敘述。

步驟4　增加迴路變數值，然後回到步驟2。

　　　若迴路結構的「初始值」>「條件值」，則程式流程執行到「for」迴路結構的起始列時，其執行步驟如下：

步驟1　設定迴路變數=初始值。

步驟2　檢查「迴路變數」是否**大於**「條件值」？若為「True」，則執行步驟3；若為「False」，則直接跳到「for」迴路結構外的第一列敘述。

步驟3　執行「for」迴路結構內的程式敘述。

步驟4　減少迴路變數值，然後回到步驟2。

　　接著以「範例1」與「範例2」為例，說明程式是否使用迴路結構來撰寫，對程式執行效率及記憶體使用有何差別。

　　「範例1」的程式碼，是建立在「D:\Python程式範例\ch05」資料夾中的「範例1.py」，以此類推，「範例11」的程式碼，是建立在「D:\Python程式範例\ch05」資料夾中的「範例11.py」。

範例 1	寫一程式，輸出1+8+6+2+10的結果。
1	sum=0
2	sum=sum+1
3	sum=sum+8
4	sum=sum+6
5	sum=sum+2
6	sum=sum+10
7	print("1+8+6+2+10=", sum)
執行結果	1+8+6+2+10=27

[程式說明]

　　程式第2~6列的敘述都類似，只是數字不同而已，這樣的做法是一種沒有效率的程式設計方式。若問題換成輸出100個數值相加，則必須再增加95列的類似敘述。這種做法是很沒效率的。

範例 2	寫一程式，使用「for」迴路結構，輸入5個數值，輸出這5個數值的總和。

1
2
3
4
5
6
7
	``python
	sum=0
	for i in range(1, 6, 1):
	    print("輸入第", i, "個數值:", end="")
	    data=input()
	    data=int(data)
	    sum=sum+data
	print("這5個數值相加=", sum)
	``

執行 結果	輸入第1個數值: 1 輸入第1個數值: 8 輸入第1個數值: 6 輸入第1個數值: 2 輸入第1個數值: 10 這5個數值相加=27

[程式說明]

- 由「for」迴路結構中，知道迴路變數「i」的初始值=1，進入迴路的條件為「i < 6」，及變更迴路變數的內容為「i = i + 1」。利用這三個資訊，可算出「for」迴路結構內部的敘述，總共執行5(=((6-1)-1)/1+1)次。直到i=6時，才會違反進入迴路的條件，且不會進入「for」迴路結構內部。

- 若題目改成輸出任意100個數值相加的結果，則程式只需將「i < 6」改成「i < 101」**即可**。

- 流程圖如下：

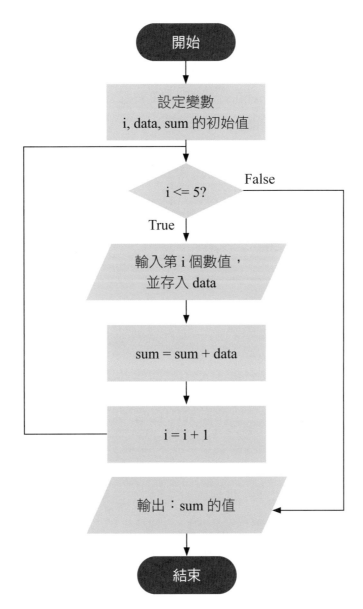

範例 2 流程圖

練習 l

　　寫一程式，輸入購買的文具件數及每件文具的價格，輸出購買的文具總金額。

5-1-2　while迴路結構

　　若問題需用迴路結構來撰寫，但不確定迴路結構內部的程式敘述會被重複執行幾次，則使用「while」迴路結構來撰寫是最合適的。

　　「while」迴路結構的語法架構如下：

---

while 進入迴路結構的條件：
　　程式敘述區塊

[語法架構說明]

- 在「while」迴路結構首列後面，一定要有「:」。
- 在「while」迴路結構中的每一列程式敘述，都必須比「while」的位置再往右至少一個空格。

　　當程式執行到「while」迴路結構的起始列時，執行步驟如下：

步驟1　檢查進入「while」迴路結構的條件結果是否為「True」？
　　　　若為「True」，則執行步驟2；若為「False」，則跳到
　　　　「while」迴路結構外的第一列敘述。
步驟2　執行「while」迴路結構內的敘述。
步驟3　回到步驟1。

範例 3	寫一程式，輸入一正整數，輸出此整數的每個數字之和。 (例：1234 → 1+2+3+4=10)
1 2 3 4 5 6 7 8 9 10	num=input("輸入一正整數:") num=int(num) print(num,"的每個數字之和=") sum=0 while num>=1 : 　　remainder = num % 10　#取出num的個位數，即num除以10的餘數 　　sum = sum + remainder 　　num = num // 10　　　　　#取得num除以10的商 print(sum)
執行 結果	輸入一正整數: **2345** 2345的每個數字之和=14

[程式說明]

• 流程圖如下：

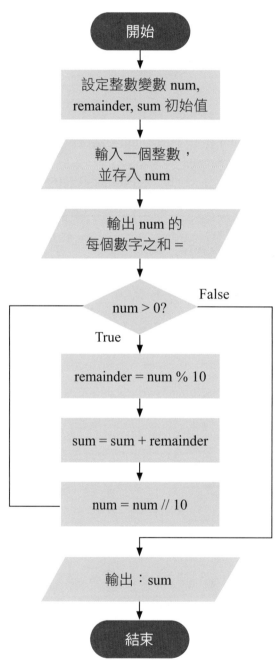

範例 3　流程圖

練習2

　　寫一程式，輸入一正整數，然後將它倒過來輸出。(例：516888 →
888615)

範例 4	若球從100米高度自由落下，每次落地後反彈高度為原來的一半，直到停止。 寫一程式，輸出球停止前所經過的距離。
1 2 3 4 5 6 7	height=100.0 distance=0 while (height > 0) : 　　distance += height 　　height /= 2 　　distance += height print("球停止前所經過的距離=", round(distance,1), "米")
執行 結果	球停止前所經過的距離=300.0米

[程式說明]

　　程式第7列「round(distance,1)」的作用，是將「distance」的內容四捨
五入到小數點後第一位。（參考「6-2-2 四捨五入函式round」）

5-1-3　巢狀迴路

　　在一層迴路結構中，若包含其他迴路結構，則這種架構被稱為巢狀迴
路結構。若一個問題重複執行某些特定的敘述，且這些特定的敘述受到兩
個（含）以上的因素影響，則用巢狀迴路結構來撰寫是最合適的。撰寫巢
狀迴路時，先變的因素要寫在巢狀迴路結構的內層迴路；後變的因素要寫
在巢狀迴路結構的外層迴路。

　　當一個問題需用迴路結構來撰寫時，那如何決定迴路結構的層數呢？

可根據下列兩種概念來決定迴路結構的層數：

1. 若問題只有一個因素在改變時，則用一層迴路結構來撰寫是最合適的方式；若問題有兩個因素在改變時，則用雙層迴路結構來撰寫是最合適的。以此類推。

2. 若問題結果呈現的形式為直線形狀，則為一度空間，故用一層迴路結構來撰寫是最合適的。若問題結果呈現的形式為平面（或表格）形狀，則為二度空間，故用兩層迴路結構來撰寫是最合適的。若問題結果呈現的形式為立體形狀（或多層表格），則為三度空間，故用三層迴路結構來撰寫是最合適的。以此類推。

範例 5	寫一程式，輸出九九乘法表。

1
2
3
4
	``python
	for i in range(1, 10, 1) :
	    for j in range(1, 10, 1) :
	        print(i, "x", j, "=", (i*j), sep="", end="\t")
	    print()
	``

執行 結果	1x1=1　1x2=2　1x3=3　1x4=4　1x5=5　1x6=6　1x7=7　1x8=8　1x9=9 2x1=2　2x2=4　2x3=6　2x4=8　2x5=10　2x6=12　2x7=14　2x8=16　2x9=18 3x1=3　3x2=6　3x3=9　3x4=12　3x5=15　3x6=18　3x7=21　3x8=24　3x9=27 4x1=4　4x2=8　4x3=12　4x4=16　4x5=20　4x6=24　4x7=28　4x8=32　4x9=36 5x1=5　5x2=10　5x3=15　5x4=20　5x5=25　5x6=30　5x7=35　5x8=40　5x9=45 6x1=6　6x2=12　6x3=18　6x4=24　6x5=30　6x6=36　6x7=42　6x8=48　6x9=54 7x1=7　7x2=14　7x3=21　7x4=28　7x5=35　7x6=42　7x7=49　7x8=56　7x9=63 8x1=8　8x2=16　8x3=24　8x4=32　8x5=40　8x6=48　8x7=56　8x8=64　8x9=72 9x1=9　9x2=18　9x3=27　9x4=36　9x5=45　9x6=54　9x7=63　9x8=72　9x9=81

[程式說明]

- 九九乘法表的資料共有九列，每一列共有九行資料。列印時，先從第 1 列的第 1 行印到第 9 行，然後從第 2 列的第 1 行印到第 9 行，以此類推，到從第 9 列的第 1 行印到第 9 行。因有「行」與「列」兩個因素在改變，故用兩層巢狀迴路結構來撰寫是最合適的。因「行」先變且「列」後變，故「行」要寫在內層迴路，且「列」要寫在外層迴路。

- 以空間概念來說，二度空間平面（或表格）有「x」軸與「y」軸兩個因素在改變，就能了解列印九九乘法表用兩層巢狀迴路結構來撰寫是最合適的。
- 流程圖如下：

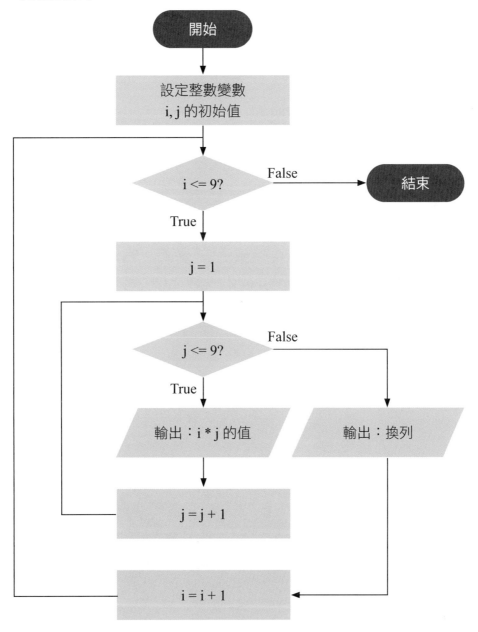

範例 5　流程圖

範例 6	寫一程式，輸出下列結果。 ``` ***** *** * ```

1
2
3
4
5
6
7
	``python
	for i in range(1, 4, 1) :
	  for j in range(1, 6, 1) :
	    if (i == 1) or (i == j) or (j == 3) or (i+j == 6) :
	      print("*", sep="", end="")
	    else :
	      print(" ", sep="", cnd="")
	  print("")
	``

[程式說明]

- 程式第1列「for i in range(1,4,1) :」，表示共有三列。

- 第2列「for j in range(1,6,1)」，表示每一列有「5」個「位置」。

- 第3列中的「(i == 1) or (i == j) or (j == 3) or (i+j == 6)」，表示第1列或對角線或第3行或反對角線的位置上要輸出「*」。其他位置輸出「空格」。

- 流程圖如下：

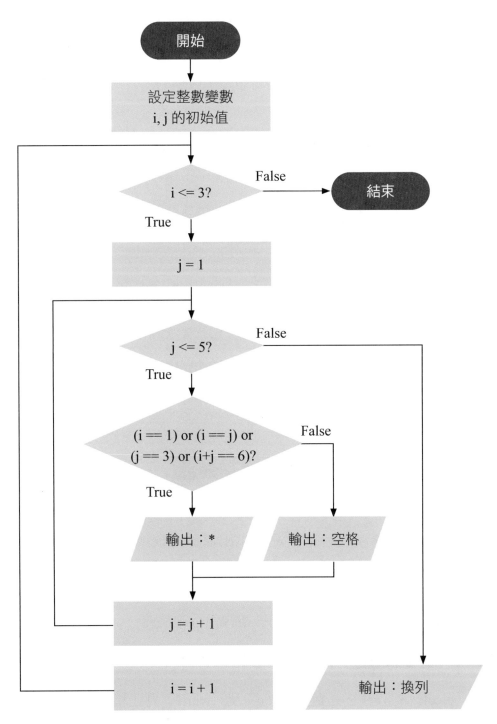

範例 6　流程圖

從實作「範例5」及「範例6」中，歸納出撰寫巢狀迴路架構的兩個要點：

1. 先變的因素寫在巢狀迴路的內層迴路，後變的因素寫在巢狀迴路的外層迴路。
2. 若先變的因素與後變的因素互相影響時，則外層迴路的迴路變數要出現在內層迴路的條件中。

練習3

寫一程式，輸出下列結果：

B
CD
EFG
HIJK
LMNOP

5-2　break與continue敘述

在一般情況下，程式流程只要進入迴路結構內，內部的所有敘述都會被執行。若希望在特定狀況下跳出迴路結構或跳過迴路結構內的某些敘述，則在迴路結構中必須加入「break」跳出迴路結構，或加入「continue」跳過某些敘述。「break」及「continue」必須撰寫在選擇結構的敘述中，否則違反了迴路結構被重複執行的精神。

5-2-1　break敘述

「break」的作用，是跳出「for」及「while」迴路結構的內部。當程式執行到迴路結構內的「break」時，程式直接跳出迴路結構，並執行迴路結構外的第一列敘述。當「break」用在巢狀迴路結構內時，它只能跳出它所在的那層迴路結構，而無法一次跳到整個巢狀迴路結構的外部。

範例 7	寫一程式，輸出對角線（含）以下的數字總和。 2　3　4　5 3　4　5　6 4　5　6　7 5　6　7　8 [提示] 使用「break」敘述。
1 2 3 4 5 6 7	sum=0 for i in range(1, 5, 1) : 　for j in range(1, 5,1) : 　　if i < j : 　　　break 　　sum = sum + i + j print("對角線(含)以下的數字總和=" ,sum)
執行 結果	對角線（含）以下的數字總和=50

[程式說明]

- 程式第3~6列，可以改成下列寫法：

  for j in range(1,i+1,1):

  　sum = sum + i + j

- 流程圖如下：

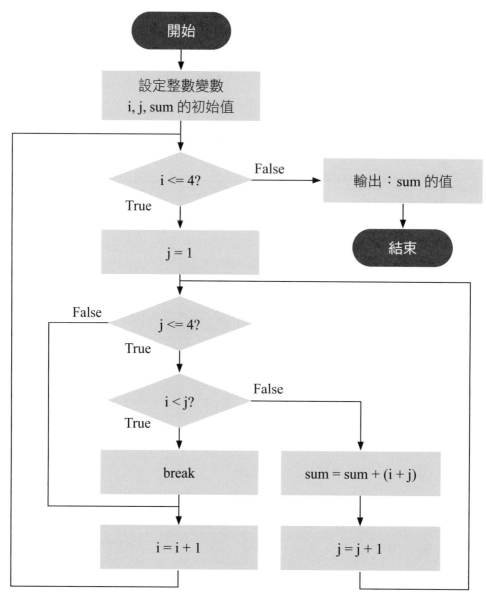

範例 7　流程圖

練習4

　　寫一程式，輸入密碼，若密碼正確，則輸出密碼正確，否則輸出密碼錯誤。

　　[提示]

- 使用「break」。
- 密碼輸入，最多有三次機會。密碼假設為202020。

5-2-2　continue敘述

　　「continue」的目的，是跳過迴路結構內的某些敘述。「continue」在「for」及「while」二種迴路結構內被執行時，程式的執行流程是有所差異的。

1. 在「for」迴路結構內使用「continue」：

　　執行到「continue」，程式會跳到該層「for」迴路結構的第三部分「增加（或減少）迴路變數值」，變更迴路變數的內容。

2. 在「while」迴路結構內使用「continue」：

　　執行到「continue」，程式會跳到該層「while」迴路結構的起始列，檢查進入迴路結構的條件結果是否為「True」。

範例 8	寫一程式，輸入5位學生的數學成績，輸出數學成績及格的人數。 [提示] 使用「continue」敘述。
1 2 3 4 5 6 7 8 9	pass_people=0 for i in range(1, 6, 1) : 　print("輸入第", i, "位學生的數學成績:", end="") 　score=input() 　score=int(score) 　if (score < 60) : 　　continue 　pass_people=pass_people+1 print("數學成績及格的人數=", pass_people)
執行 結果	輸入第1位學生的數學成績:80 輸入第2位學生的數學成績:70 輸入第3位學生的數學成績:55 輸入第4位學生的數學成績:75 輸入第5位學生的數學成績:52 數學成績及格的人數=3

[程式說明]

• 流程圖如下：

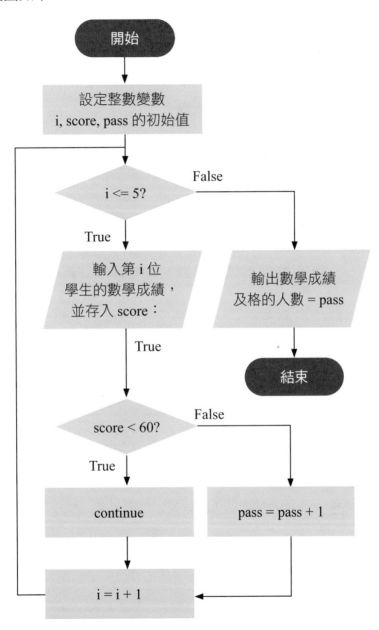

範例 8　流程圖

練習5

寫一程式,利用「continue」的特性,輸出1到100之間的奇數和。

[提示] 使用「continue」敘述。

5-3 其他迴路應用範例

範例 9	寫一程式,輸入兩個正整數,輸出兩個正整數的最大公因數。(限用「while」迴路結構) [提示] 輾轉相除法的演算法程序如下: 步驟1:計算兩個正整數相除的餘數 步驟2:若餘數=0,則除數為最大公因數,結束; 　　　　否則將除數當新的被除數,餘數當新的除數,回到步驟1。
1 2 3 4 5 6 7 8 9 10 11 12 13	a=input("輸入第1個整數:") a=int(a) b=input("輸入第2個整數:") b=int(b) dividend = a divisor = b remainder = dividend % divisor while (remainder != 0) : 　　dividend = divisor 　　divisor = remainder 　　remainder = dividend % divisor gcd = divisor print("(", a, ",", b, ")=", gcd)
執行 結果	輸入第1個整數: **84** 輸入第2個整數: **38** (84 , 38)= 2

[程式說明]

- 程式第8~11列，為輾轉相除法的演算程序。
- 流程圖如下：

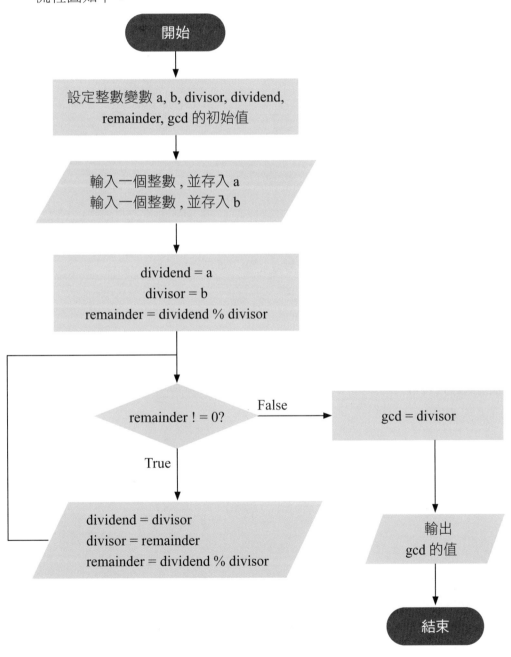

範例 9 流程圖

範例10	寫一個程式，輸入1~9的整數a，輸出a+a.a+a.aa+a.aaa+…+a.aaaaaaaaaa 的結果。
1	a=input("輸入1~9的整數a:")
2	a=int(a)
3	print(a, sep="", end="")
4	
5	total=a
6	j=1
7	for i in range(1, 11, 1) :
8	j = j / 10 + 1
9	total += a*j
10	print("+", a*j, sep="", end="")
11	print("=", total)
執行結果	輸入1~9的整數a:1 1+1.1+1.11+1.111+1.1111+1.11111+1.111111+1.1111111+1.11111111+ 1.111111111+1.1111111111= 12.098765432099999

[程式說明]

- 程式第9列的「j」，在i=1~10時，分別為1.1，1.11，……及 1.1111111111。
- 流程圖如下：

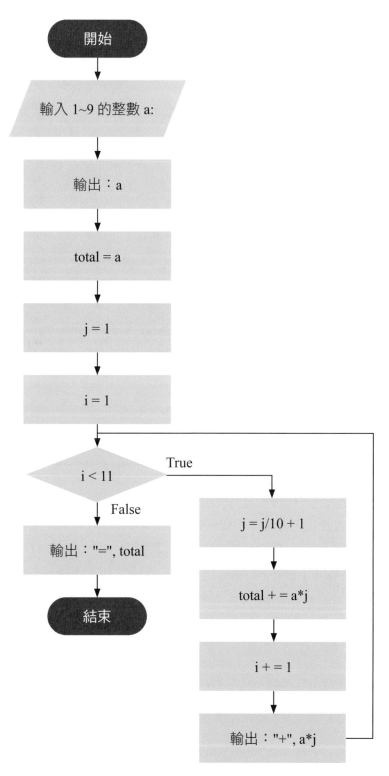

範例 10　流程圖

範例11	寫一個程式，輸入一正整數n，在不使用除號(//)及餘數(%)運算子情況下，將n以二進位表示輸出。 [提示] 參考「2-4-5 位元運算子」。
1	n=input("輸入一正整數n:")
2	n=int(n)
3	print(n,"轉成二進位整數為", sep="", end="")
4	
5	num=0 #記錄n轉成二進位後的位數
6	while (n >> num) != 0 :
7	num += 1
8	
9	while (num > 0) :
10	# 取得n轉成二進位整數的第num個數字,
11	print(((n & (1 << (num-1))) >> (num-1)), sep="", end="")
12	num -= 1
執行 結果	輸入一正整數n: 20 20轉成二進位整數為10100

[程式說明]

- 在程式第11列「print(((n & (1 << (num-1))) >> (num-1)) , sep="", end="")」中，「n & (1 << (num-1))」相當於「n & $2^{(num-1)}$」，代表n轉成二進位整數後的第num個數字乘以$2^{(num-1)}$。而「(n & (1 << (num-1))) >> (num-1))」主要的作用，是取得n轉成二進位整數後的第num個數字。

- 流程圖如下：

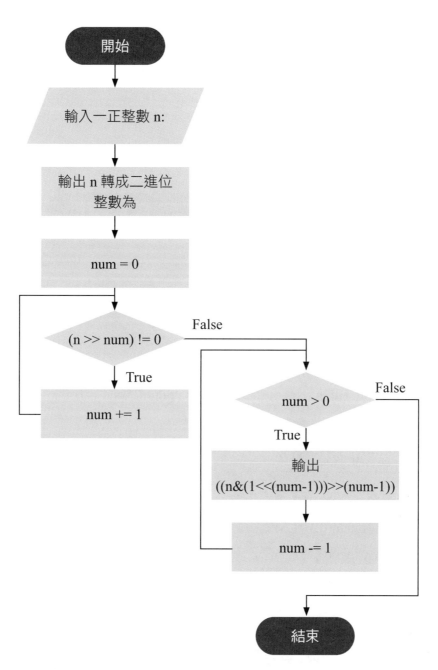

範例 11　流程圖

練習6

　　寫一個程式，輸入一正整數n，在不使用除號(//)及餘數(%)運算子情況下，將n以八進位表示輸出。

　　[提示] 參考「2-4-5 位元運算子」。

大學程式設計先修檢測 (APCS) 試題解析

一、程式設計觀念題

1. 下方程式片段無法正確列印20次的 "Hi!"，請問下列哪一個修正方式仍無法正確列印20次的 "Hi!"？（106/3/4 第13題）

| ```
1  for i in range(0, 101, 5) :
2      print("Hi!")
3
``` | ```
1  for (int i=0; i<=100; i=i+5) {
2      printf("%s\n", "Hi!");
3  }
``` |
| **Python語言寫法** | **C語言寫法** |

(A) 需要將range(0,101,5)修正為range(0,20,1)

(B) 需要將range(0,101,5)修正為range(5,101,5)

(C) 需要將range(0,101,5)修正為range(0,100,5)

(D) 需要將range(0,101,5)修正為 range(5,100,5)

解 答案：(D)

　　(1) (A) range(0,20,1)，表示i的值在0~19之間，每次變化1。因此，for迴圈執行20次，共輸出20次"Hi!"。

　　(2) (B) range(5,101,5)，表示i的值在5~100之間。每次變化5，因此，for迴圈執行20次，共輸出20次"Hi!"。

　　(3) (C) range(0,100,5)，表示i的值在0~99之間，每次變化5。因此，for迴圈執行20次，共輸出20次"Hi!"。

(4) (D) range(5,100,5)，表示i的值在5~99之間，每次變化5。因此，for迴圈執行19次，共輸出19次"Hi!"。

2. 右側程式正確的輸出應該如下：

```
    *
   ***
  *****
 *******
*********
```

在不修改下方程式之第4行及第7行程式碼的前提下，最少需修改幾行程式碼以得到正確輸出？（105/3/5 第1題）

(A) 1

(B) 2

(C) 3

(D) 4

```
1   k = 4
2   m = 1
3   for i in range(1, 6, 1):
4     for j in range(1, k+1, 1) :
5       print(" ", end="")
6
7     for j in range(1, m+1, 1) :
8       print("*", end="")
9
10    print()
11    k = k - 1
12    m = m + 1
13
```

Python語言寫法

```
1   int k = 4;
2   int m = 1;
3   for (int i=1; i<=5; i=i+1) {
4     for (int j=1; j<=k; j=j+1) {
5       printf(" ");
6     }
7     for (int j=1 j<=m j=j+1) {
8       printf("*");
9     }
10    printf("\n");
11    k = k – 1;
12    m = m + 1;
13  }
```

C語言寫法

解 答案：(A)

　　(1) 程式第 3~13 列會執行 5 次，與題目要輸出五列資料吻合。

　　(2) 程式第 4~6 列會執行 k 次，一開始 k=4，所以輸出 4 個空白，配合程式第 11 列，k 值會由 4 遞減到 0，輸出空白個數由 4 個遞減到 0 個，與輸出*之前，先輸出空白資料個數吻合。

　　(3) 程式第 7~9 列會執行 m 次，一開始 m=1，所以輸出 1 個 *，配合程式第 11 列，m 值會由 1 遞增到 5，輸出 * 個數由 1 個遞增到 5 個，與題目要輸出的 * 個數不同。因此，此列要修正為「m = m + 2」

3. 一個費式數列定義第一個數為 0，第二個數為 1 之後的每個數都等於前兩個數相加，如下所示：

0、1、1、2、3、5、8、13、21、34、55、89……。

下方的程式用以計算第N個(N≥2)費式數列的數值，請問(a)與(b)兩個空格的敘述(statement)應該為何？（105/3/5 第8題）

(A) (a) f[i]=f[i-1]+f[i-2] 　　　 (b) f[N]

(B) (a) a = a + b 　　　　　　　 (b) a

(C) (a) b = a + b 　　　　　　　 (b) b

(D) (a) f[i]=f[i-1]+f[i-2] 　　　 (b) f[i]

```
1  a=0
2  b=1
3  …
4  …
5  for i in range(2, N+1, 1) :
6    temp=b
7      (a)
8    a=temp
9    print( (b) )
10
          Python語言寫法
```

```
1  int a=0;
2  int b=1;
3  int i, temp, N;
4        …
5  for (i=2; i<=N; i=i+1) {
6      temp = b;
7        (a)
8      a = temp;
9      printf("%d\n", (b) );
10  }
          C語言寫法
```

解 答案：(C)

(1) 由0、1、1、2、3、5、8……資料發現：從第三個（含）數值以後，每一個數值等於前面兩個數值之和。

(2) 當i=2時，是求第三個數；當i=3時，是求第四個數；以此類推。

(3) 變數a代表第一個數值，變數b代表第二個數值也代表後續的每一個數值。因此，下一個數值b是前面兩個數值之和，因此(a)的答案應填「b=a+b」，a+b的值就成為求下一個數值的b。

(4) 在求每個數值時，程式第6列先將b存入變數temp，然後程式第8列將temp指定給a。第6列及第8列的目的，是將a值變成前一次的b值，b值就成為求下一個數值的a。輸出每一個數值，照理(b)的答案應填「b」，但b在(a)已改變，因此，需輸出前一次的b值，即a值。故(b)的答案，應填「a」。

4. 下方程式片段中執行後若要印出下列圖案，(a)的條件判斷式該如何設定？（105/10/29 第17題）

```
******
 ****
  **
```

(A) k > 2

(B) k > 1

(C) k > 0

(D) k > -1

```
1  for i in range(0, 4, 1) :
2      for j in range(0, i, 1) :
3          printf(" ")
4      for k in range(k=6-2*i,  __(a)__, k=k-1) :
5          printf("*")
6      print()
7
```
Python語言寫法

```
1  for (int i=0; i<=3; i=i+1) {
2      for (int j=0; j<i; j=j+1)
3          printf(" ");
4      for (int k=6-2*i__(a)__ k=k-1)
5          printf("*");
6      printf("\n");
7  }
```
C語言寫法

解 答案：(C)

(1) 第1列輸出六個*；第2列輸出四個*；第3列輸出二個*；第4列輸出零個*。代表程式第4~5列的迴圈，在i=0時，執行6次；i=1時，執行4次；i=2時，執行2次；i=3時，執行0次。

(2) 當i=0時，程式第4~5列迴圈內的k=6-2*0=6，要使程式第4~5列迴圈執行6次，則必須在k>0的情況下；當i=1時，程式第4~5列迴圈內的k=6-2*1=4，要使程式第4~5列迴圈執行4次，則必須在k>0的情況下；當i=2時，程式第4~5列迴圈內的k=6-2*2=2，要使程式第4~5列迴圈執行2次，則必須在k>0的情況下；當i=0時，程式第4~5列迴圈內的k=6-2*3=0，要使程式第4~5列迴圈執行0次，則必須在k>0的情況下。

5. 下方程式片段擬以輾轉相除法求i與j的最大公因數。請問while迴圈內容何者正確？（105/3/5 第13題）

(A) k = i % j

　　 i = j

　　 j = k

(B) i = j

　　 j = k

　　 k = i % j

(C) i = j

　　 j = i % k

　　 k = i

(D) k = i

　　 i = j

　　 j = i % k

```
1  i = 76
2  j = 48
3  while ((i % j) != 0) :
4  _____
5  _____
6  _____
7
8  print(j)
```
Python語言寫法

```
1  i = 76;
2  j = 48;
3  while ((i % j) != 0) {
4  _____
5  _____
6  _____
7  }
8  printf("%d\n", j);
```
C語言寫法

解 答案：(A)

(1) i相當於被除數，j相當於除數。

(2) while迴圈是否繼續重複執行，取決於「(i % j) != 0」，即餘數不等於時0。

(3) while迴圈內的程式碼，是求最大公因數的輾轉相除法步驟。

(4) 此程式片段，類似「範例9」。

6. 下方程式碼，執行時的輸出為何？（105/3/5 第21題）

(A) 0 2 4 6 8 10

(B) 0 1 2 3 4 5 6 7 8 9 10

(C) 0 1 3 5 7 9

(D) 0 1 3 5 7 9 11

```
1  i=0
2  while i<=10 :
3      print(i, end="")
4      i += 2
5
6  print()
7
       Python語言寫法
```

```
1  void main( ) {
2      for (int i=0; i<=10; i=i+1) {
3          printf("%d ", i);
4          i = i + 1;
5      }
6      printf("\n");
7  }
           C語言寫法
```

解 答案：(A)

在Python語言的for迴路中，無法像C語言可以在迴圈內部改變迴圈變數，只能改用while迴路做法。

7. 下方程式片段執行過程中的輸出為何？（105/10/29 第12題）

(A) 5 10 15 20

(B) 5 11 17 23

(C) 6 12 18 24

(D) 6 11 17 22

```
1   a=5                          1   int a = 5;
2   i=0                          2     …
3   while i < 20 :               3   for (int i=0; i<20; i=i+1){
4     i=i+a                      4     i = i + a;
5     print(i, "", end="")       5     printf("%d ", i);
6     i += 1                     6   }
        Python語言寫法                   C語言寫法
```

解 答案：(B)

第1次執行迴圈i=0，輸出5(=0+5)；

第2次執行迴圈i=6(=5+1)，輸出11(=6+5)；

第3次執行迴圈i=12(=11+1)，輸出17(=12+5)；

第4次執行迴圈i=18(=17+1)，輸出23(=18+5)。

8. 請問下方程式，執行完後輸出為何？(105/10/29 第23題)

(A) 2417851639229258349412352 7

(B) 68921 43

(C) 65537 65539

(D) 134217728 6

```
1  i=2                           1  int i=2, x= 3;
2  x= 3                          2  int N=65536;
3  N=655364                      3
4   while (i <= N) :             4   while (i <= N) {
5     i = i * i * i              5     i = i * i * i ;
6     x = x + 1                  6     x = x + 1 ;
7                                7  }
8  print(i, x)                   8  printf("%d %d \n", i, x);
        Python語言寫法                   C語言寫法
```

解 答案：(D)

(1) N=65536=216。

(2) 程式第4~7列的迴圈，在第1次執行後，i=2*2*2=8=2^3，

x=4；第2次執行後， i=8*8*8=512=2^9，x=5；第3次執行後，
i=512*521*521=2^9*2^9*2^9=2^{27}>2^{16}，已無法再進入迴圈內。最
後，i=512*521*521=134217728，x=6。

9. 若n為正整數，下方程式三個迴圈執行完畢後a值將為何？（105/10/29
第7題）

(A) n(n+1)/2

(B) n^3/2

(C) n(n-1)/2

(D) n^2(n+1)/2

1 a=0 2 … 3 for i in range(1, n+1, 1) : 4 for j in range(i, n+1, 1) : 5 for k in range(1, n+1, 1) : 6 a = a + 1 **Python語言寫法**	1 int a=0, n; 2 … 3 for (int i=1; i<=n; i=i+1) 4 for (int j=i ;j<=n; j=j+1) 5 for (int k=1; k<=n; k=k+1) 6 a = a + 1; **C語言寫法**

解 答案：(D)

(1) 程式第4列for迴圈的迴圈變數j的初始值等於i，表示第4列for
迴圈要執行幾次會受程式第3列for迴圈的迴圈變數i影響。當
i=1時，第4列for迴圈要執行n次，當i=2時，第4列for迴圈要
執行n-1次，……以此類推，當i=n時，第4列for迴圈要執行1
次。因此，第4列for迴圈總執行次數為
n+(n-1)+…+1=n(n+1)/2。

(2) 程式第5列的for迴圈，每次都會執行n次，故a=n。

(3) 由(1)及(2)可知，三個迴圈執行完畢後a值為n*n(n+1)/2 ＝
n^2(n+1)/2。

10. 下方程式執行完畢後所輸出值為何？（106/3/4 第18題）

    (A) 12

    (B) 24

    (C) 16

    (D) 20

Python語言寫法	C語言寫法

<pre>1   x = 0
2   n = 5
3   for i in range(1, n+1, 1) :
4   for j in range(1, n+1, 1) :
5   if ((i+j) == 2) :
6   x = x + 2
7   if ((i+j) == 3) :
8   x = x + 3
9   if ((i+j) == 4) :
10   x = x + 4
11
12   print(x)
13
14</pre>
	<pre>1 int main( ) {
	2 int x = 0, n = 5;
	3 for (int i=1;i<=n;i=i+1)
	4 for (int j=1;j<=n;j=j+1) {
	5 if ((i+j) == 2)
	6 x = x + 2;
	7 if ((i+j) == 3)
	8 x = x + 3 ;
	9 if ((i+j) == 4)
	10 x = x + 4;
	11 }
	12 printf("%d\n", x);
	13 return 0;
	14 }</pre>

解 答案：(D)

    (1) 當 i=1、j=1時，i+j=2，程式第5列的條件才會成立，「x=x+2」會執行1次，所以x=0+2=2。

    (2) 當i=1、j=2，及i=2、j=1時，i+j=3，程式第7列的條件才會成立，「x=x+3」會執行2次，所以x=2+3+3=8。

    (3) 當i=1、j=3；i=2、j=2；及 i=3、j=1時，i+j=4，程式第9列的條件才會成立，「x=x+4」會執行3次，所以x=8+4+4+4=20。

11. 若A[ ][ ]是一個MxN的整數陣列，下面程式片段用以計算A陣列每一列的總和，以下敘述何者正確？（106/3/4 第6題）

```
1
2  rowsum = 0
3  for i in range(0, M, 1) :
4     for j in range(0, N, 1) :
5        rowsum = rowsum + A[i][j]
6
7     print("The sum of row ", i, " is ", rowsum)
8
9
```
Python語言寫法

```
1  void main( ) {
2     int rowsum = 0;
3     for (int i=0; i<M; i=i+1) {
4        for (int j=0; j<N; j=j+1) {
5           rowsum = rowsum + A[i][j];
6        }
7        printf("The sum of row %d is %d.\n", i, rowsum);
8     }
9  }
```
C語言寫法

(A) 第一列總和是正確，但其他列總和不一定正確

(B) 程式片段在執行時會產生錯誤(run-time error)

(C) 程式片段中有語法上的錯誤

(D) 程式片段會完成執行並正確印出每一列的總和

解 答案：(A)

(1) 當i=0時，j從0變化到(N-1)，是計算第一列總和。

(2) 在計算第1~(M-1)各列總和時，並沒有在程式第3列與第4列之間，設定「rowsum=0」，將rowsum歸0，造成計算第2~(M-1)各列總和，無法得到正確的值。

Chapter 6
內建函式

生活中所使用的工具，每一個都具備某些內建功能。例：冷氣機遙控器內建溫度調整功能，可以控制冷氣溫度高低；汽車煞車踏板功能，可以減緩汽車引擎的轉速。

在程式設計中，具有特定功能的程式碼，稱之為函式(function)。常常被使用的功能，就可將它撰寫成函式，方便日後重複被呼叫。當程式呼叫某個函式時，程式的流程控制權就移轉到該函式上，等該函式執行完後，程式的流程控制權會回到原先呼叫該函式的地方，接著繼續往下執行其他程式敘述。

以函式來替代特定功能的程式碼有以下優點：

1. 縮短整個程式的長度：相同的程式碼不用重複撰寫。
2. 提供重複呼叫：若要執行某個特定功能，就直接呼叫對應的函式即可。
3. 偵錯較容易：當程式出現狀況時，較容易找出問題是發生在主程式或其他函式中。
4. 提供跨檔案使用：可提供不同的程式來呼叫。

函式以是否存在於 Python 語言中來區分，可分成下列兩類：

1. 內建函式：Python 語言所提供的函式。
2. 自訂函式：使用者自訂的函式。（請參考「第八章自訂函式」）

在程式中，要呼叫特定內建函式之前，需了解此內建函式是屬於 Python 解譯器內建的函式，還是宣告在特定模組中的函式。如果是宣告在特定模組中的函式，則必須在程式的開頭處使用「import」，將宣告該函式所在模組含括到程式中，否則編譯時可能會出現 **未宣告識別字名稱** 的錯誤訊息（切記）：

「 **name '識別字名稱' is not defined** 」

本章主要是以介紹常用的內建函式為主，其他未介紹的內建函式，**請讀者自行參考相關的模組**。

❤6-1　常用的Python語言內建函式

　　Python 語言提供的內建函式，就好像是數學公式。初學者只要學會如何呼叫內建函式，就能解決問題的需求。以呼叫內建函式的方式來替代一長串的程式碼，則程式碼的長度就會大大地降低，同時也能縮短程式的撰寫時程。

　　常用的 Python 語言內建函式，分成下列三類：

1. 數學函式。
2. 字元函式。
3. 字串函式。（參考「第七章陣列」）

❤6-2　絕對值函式abs

　　與數學運算有關的常用內建數學函式，有的屬於 Python 解譯器內建的函式，有的是宣告在「math」模組中。常用的內建數學函式，請參考「表6-1」至「表6-7」。

　　使用「math」模組中的內建數學函式之前，記得在程式開頭處，使用「import math」敘述，否則編譯時可能會出現**未宣告識別字名稱**的錯誤訊息（切記）：

　　「 **name '識別字名稱' is not defined** 」。

6-2-1　絕對值函式abs

　　涉及絕對值運算的問題，可用絕對值函式「abs」來處理。絕對值的意義是：在距離相等的位置上有相同的資料量。在程式設計上，只要屬於上下對稱的問題，使用絕對值函式「abs」來處理是最合適的。「abs」函式用法，參考「表6-1」說明。

表 6-1　常用的內建數學函式(一)

函 式 名 稱	abs()
函 式 原 型	int abs(int x) float abs(float x)
功　　　能	取得參數x的絕對值。 [註] x的型態可為int及float。
回　傳　值	參數x的絕對值。 [註] 回傳值的型態與參數的型態相同。
宣告函式原型 所 在 的 模 組	Python解譯器

例：求 -5 的絕對值。

解：abs(-5)。

[註] 回傳值為 5。

「範例1」的程式碼，是建立在「D:\Python程式範例\ch06」資料夾中的「範例1.py」。以此類推，「範例 8」的程式碼，是建立在「D:\Python程式範例\ch06」資料夾中的「範例 8.py」。

範例 1	寫一程式，輸出上下對稱「*」資料。 * *** ***** *** * [提示]使用絕對值函式「abs」來處理。
| 1<br>2<br>3<br>4 | ```python
for i in range(1, 6, 1 ):
  for j in range(1, 5-2*abs(i-3)+1, 1) :
    print("*", end="")
  print()
``` |
```

[程式說明]

- 程式第1列「for i in range(1, 6, 1)」，表示共有五列。
- 第 2 列「for j in range(1, 5-2*abs(i-3)+1, 1)」，表示第 i 列有「5 - 2 *abs(i - 3)」個「*」。 其中，「5」表示中間那一列「*」的個數；「-2」(=1-3=3-5)表示每一列相差幾個「*」;「3」表示中間那一列的編號。

  第 1 列印 1(=5-2*|1-3|)個「*」

  第 2 列印 3(=5-2*|2-3|)個「*」

  第 3 列印 5(=5-2*|3-3|)個「*」

  第 4 列印 3(=5-2*|4-3|)個「*」

  第 5 列印 1(=5-2*|5-3|)個「*」

- 使用平面座標(x, y)的對稱關係來解析：

  y 軸= 2，x 軸=1，輸出 1 個「*」；

  y 軸= 1，x 軸=3，輸出 3 個「*」；

  y 軸= 0，x 軸=5，輸出 5 個「*」；

  y 軸=-1，x 軸=3，輸出 3 個「*」；

  y 軸=-2，x 軸=1，輸出 1 個「*」。

  因此，程式第 1～4 列的寫法可改成：

```
for y in range(2, -3, -1):
    for x in range(1, 5-2*abs(y)+1, 1):
        print("*", end="")
print()
```

練習 1

寫一程式，輸出左右對稱「*」資料。

```
  *
 ***
*****
 ***
  *
```

6-2-2 四捨五入函式round

涉及小數取捨的問題，可用四捨五入函式「round」來處理。「round」函式用法，參考「表6-2」說明。

表 6-2 常用的內建數學函式(二)

函 式 名 稱	round()
函 式 原 型	float round(float x, int n)
功　　　能	將參數 x 四捨五入到小數點右邊第 n 位 [註] x 的型態為 float，n 的型態為 int。
回　傳　值	參數 x 位四捨五入後的數值 [註] 回傳值的型態為 float。
宣告函式原型 所 在 的 模 組	Python解譯器

例：將 262.9 四捨五入到個位數。

解：round(262.9, 0)。

　　[註] 回傳值為263.0。

範例 2	寫一程式，輸入購買的汽油公升數，輸出加油總金額。 [提示]汽油 1 公升 23.9 元，加油總金額以四捨五入計算。
1 2 3 4	gasoline=input("輸入購買的汽油公升數:") gasoline=float(gasoline) money=round(gasoline * 23.9) print("加油總金額:", money)
執行 結果	輸入購買的汽油公升數:11 加油總金額:263元

6-2-3 下高斯(或稱地板)函式floor

屬於無條件捨去的問題，可用下高斯（或稱地板）函式「floor」來處理。「floor」函式用法，參考「表6-3」說明。

表 6-3 常用的內建數學函式(三)

函 式 名 稱	floor()
函 式 原 型	float floor(float x)
功　　　能	取得不大於參數 x 的最大整數 [註] x 的型態為 float。
回　　傳　　值	不大於參數 x 的最大整數 [註] 回傳值的型態為 float。
宣告函式原型所在的模組	math

例：求不大於 -3.18 的最大整數。

解：math.floor(-3.18)。

　　[註] 回傳值為-4。

範例 3	寫一程式，持 109 年發放的振興券到 Logic 百貨公司消費，享有買 3000 抵 300 的優惠活動。金額未達 3000，無法抵 300。
1 2 3 4 5	import math totalmoney=input("輸入消費總金額:") totalmoney=float(totalmoney) discount=math.floor(totalmoney / 3000) * 300 print("共可抵", discount, "元")
執行結果	輸入消費總金額:**5168** 共可抵300元

6-2-4　上高斯（或稱天花板）函式ceil

屬於無條件進位的問題，可用上高斯（或稱天花板）函式「ceil」來處理。「ceil」函式用法，參考「表6-4」說明。

表 6-4　常用的內建數學函式(四)

函 式 名 稱	ceil()
函 式 原 型	float ceil(float x)
功 能	取得不小於參數 x 的最小整數 [註] x 的型態為 float。
回 傳 值	不小於參數 x 的最小整數 [註] 回傳值的型態為 float。
宣告函式原型所在的模組	math

例：求不小於 -3.18 的最小整數。

解：math.ceil(-3.18)。

　　[註] 回傳值為-3。

範例 4	寫一程式，模擬路邊停放機車自動收費。假設 1 小時收費 10 元，不到 1 小時也收費 10 元。
1 2 3 4	import math stophour=float(input("輸入路邊停放機車的時數:")) paymoney = math.ceil(stophour)*10 print("路邊停放機車", stophour, "小時,共", paymoney, "元")
執行結果	輸入路邊停放機車的時數:**1.3** 路邊停放機車1.3小時，共20元

6-2-5　次方函式pow

涉及次方運算的問題，可用次方函式「pow」來處理。「pow」函式用法，參考「表6-5」說明。

表 6-5　常用的內建數學函式(五)

函　式　名　稱	pow()
函　式　原　型	float pow(float x, float y)
功　　　　　能	取得 x 的 y 次方 [註] 參數 x 與 y 的型態均為 float。
回　　傳　　值	x 的 y 次方 [註] 回傳值的型態為 float。
宣告函式原型 所 在 的 模 組	Python 解譯器

[函式說明]

- 若參數 x=0，則參數 y 必須大於 0；否則 pow(x, y) 的結果會出現：「ValueError: math domain error」錯誤訊息。
- 若參數 x<0，則參數 y 必須為整數；否則 pow(x, y) 的結果會出現：「ValueError: math domain error」錯誤訊息。

例：求 2 的 5 次方。

解：pow(2, 5)。

[註] 回傳值為32。

6-2-6　根號函式sqrt

涉及開根號運算的問題，可用根號函式「sqrt」來處理。「sqrt」函式用法，參考「表 6-6」說明。

表 6-6　常用的內建數學函式(六)

函 式 名 稱	sqrt()
函 式 原 型	float sqrt(float x)
功　　　能	取得參數x的0.5次方 [註] x的型態為float。
回　　傳　　值	x的0.5次方 [註] 回傳值的型態為float。
宣告函式原型 所 在 的 模 組	math

[函式說明]

參數 x 必須大於 0，否則「sqrt(x)」的結果為會出現：「ValueError: math domain error」錯誤訊息。

例：求 36 的 0.5 次方。

解：math.sqrt(36)。

[註] 回傳值為6。

範例 5	寫一程式，求一元二次方程式 $ax^2+bx+c=0$ 的兩個根，其中 $b^2-4ac>=0$。

1
2
3
4
5
6
7
8
	``python
	import math
	print("輸入一元二次方程式ax^2+bx+c=0的係數a,b,c:")
	a=float(input("a="))
	b=float(input("b="))
	c=float(input("c="))
	r1=(-b + math.sqrt(pow(b, 2) - 4*a*c)) / (2*a)
	r2=(-b - math.sqrt(pow(b, 2) - 4*a*c)) / (2*a)
	print("ax^2+bx+c=0的兩個根，分別為", r1, "及", r2)
	``

執行 結果	輸入一元二次方程式 ax^2+bx+c=0 的係數 a,b,c: a= **1** b= **-1** c= **-6** 1.0x^2-1.0x-6.0=0 的兩個根，分別為 3.0 及 -2.0

[程式說明]

當「a != 0」且「b² - 4ab >= 0」時，才會得到實數根；否則會出現：「ValueError: math domain error」錯誤訊息。

練習2

寫一程式，輸入一個正整數，輸出該正整數是否為某個整數的平方。

6-2-7 對數函式log

在數學題目中，常會問到：2^{100} 以十進位（或二進位）表示是幾位數？若某位同學現有體重為 55 公斤，且體重年增率固定為 0.1％，則至少要多少年後，其體重才會變成現有的 1.5 倍？像這類的問題，若用土法煉鋼的方式直接計算，是相當耗時且繁瑣，而最合適的方式則是選擇對數函式「log」來處理。「log」函式用法，參考「表6-7」說明。

表 6-7 常用的內建數學函式(七)

函 式 名 稱	(1) log()　(2) log2()　(3) log10()
函 式 原 型	(1) float log(float x) (2) float log2(float x) (3) float log10(float x)
功　　　能	(1) 取得以 e 為底數的自然對數 (2) 取得以 2 為底數的對數 (3) 取得以 10 為底數的對數 [註] x 的型態為 float。
回　傳　值	(1) 以 e 為底數的自然對數 (2) 以 2 為底數的對數 (3) 以 10 為底數的對數 [註] 回傳值的型態為 float。

宣告函式原型 所 在 的 模 組	math

[函式說明]

- 一個數值 x，若以二進位表示，則其二進位的整數部分有「int(math. log2(x)) +1」位。「math.log2(x)」代表 x 以二進位表示的最高次方之數值，故從 0 到「int(math.log2(x))」總共有「int(math.log2(x)) +1」位。
- 若數值 x 以其他進位表示，則計算該進位的整數部分的位數之方式，類似以二進位表示的做法。

　　例：若想知道 896 以二進位表示共有幾位數，則程式敘述為何？

　　解：int(math.log2(896)) +1

　　　　[註] 9+1=10，故整數部分共有10位。

範例 6	寫一程式，輸入一正整數 n，輸出 n 的二進位表示。
1	import math
2	n=input("輸入一正整數:")
3	n=int(n)
4	length = int(math.log2(n)) + 1
5	print(n, "以二進位表示為", end="")
6	
7	# 從高次方往低次方的方向，輸出二進位資料
8	for i in range(length-1, -1, -1) :
9	print(n // int(pow(2, i)), end="")
10	n = n % int(pow(2, i))
執行 結果	輸入一正整數: 896 896以二進位表示為1110000000

[程式說明]

程式第9列「print(n // int(pow(2, i)), end="")」中的「n // int(pow(2, i))」，代表n以二進位表示(從右邊算起)的第(i+1)個數字。例：i=0，代表右邊第一個數字。「int(pow(2,i))」，是取「pow(2,i)」結果的整數部分。

練習3

若某位同學現有體重為40斤，且體重年增率固定為1%，則至少要多少年後，其體重才會變成現有的1.5倍？

解答：假設至少需要n年，

$40(1+0.01)^n = 40*1.5 = 60$

$(1.01)^n = 3 / 2$

$\log_{10}(1.01)^n = \log_{10}(3/2)$

$n(\log_{10}(1.01)) = \log_{10}(3) - \log_{10}(2) = 0.4771 - 0.3010 = 0.1761$

$n(0.0043) = 0.1764$

$n = 41.02$

42年後，體重才會變成現有的1.5倍。

[註] 查對數表，$\log_{10}(1.01)$為0.0043，$\log_{10}(3)$為0.4771，$\log_{10}(2)$為0.3010。

範例 7	假設有一種細菌，每天繁殖 10 倍的數量。寫一程式，一開始細菌數量是 1 隻，判斷幾天後，細菌數量才會大於或等於 1 億隻。
1 2	import math print(int(math.log10(100000000)), "天後，細菌數量大於或等於1億隻")
執行 結果	8 天後，細菌數量大於或等於 1 億隻

6-3 字元函式

與字元運算有關的常用內建字元函式，是屬於 Python 解譯器內建的函式。常用的內建字元函式，請參考「表6-8」至「表6-12」。

6-3-1 英文字母判斷函式isalpha

想知道一個字元是否為英文字母，可用英文字母判斷函式「isalpha」來判斷。「isalpha」函式用法，參考「表6-8」說明。

表 6-8 常用的內建字元判斷函式(一)

函 式 名 稱	isalpha()
函 式 原 型	boolean isalpha()
功 能	判斷字元常數或變數是否為英文字母(A~Z, a~z)
回 傳 值	• 若字元常數或變數不是英文字母，則回傳False。 • 若字元常數或變數是英文字母，則回傳True。 [註] 回傳值的型態為boolean。
宣告函式原型所在的模組	Python解譯器

例：判斷"1"是否為英文字母。

解："1".isalpha()。

[註] 回傳值為False。

6-3-2 文字型數字判斷函式isdigit

想知道一個字元是否為文字型數字(0~9)，可用文字型數字判斷函式「isdigit」來判斷。「isdigit」函式用法，參考「表6-9」說明。

| 表 6-9 | 常用的內建字元判斷函式(二) |

函 式 名 稱	isdigit()
函 式 原 型	boolean isdigit()
功　　　能	判斷字元常數或變數是否為文字型的數字(0~9)
回　　傳　　值	• 若字元常數或變數不是文字型的數字，則回傳False。 • 若字元常數或變數是文字型的數字，則回傳True。 [註] 回傳值的型態為boolean。
宣告函式原型 所 在 的 模 組	Python解譯器

例：判斷"2"是否為文字型的數字。

解："2".isdigit()。

　　[註] 回傳值為True。

6-3-3 大寫英文字母判斷函式isupper

想知道一個字元是否為大寫英文字母，可用大寫英文字母判斷函式「isupper」來判斷。「isupper」函式用法，參考「表6-10」說明。

| 表 6-10 | 常用的內建字元判斷函式(三) |

函 式 名 稱	isupper()
函 式 原 型	boolean isupper()
功　　　能	判斷字元常數或變數是否為大寫的英文字母
回　　傳　　值	• 若字元常數或變數不是大寫英文字母，則回傳False。 • 若字元常數或變數是大寫英文字母，則回傳True。 [註] 回傳值的型態為boolean。
宣告函式原型 所 在 的 模 組	Python解譯器

例：判斷"b"是否為大寫的英文字母。

解："b".isupper()。

　　[註] 回傳值為False。

6-3-4 小寫英文字母判斷函式islower

想知道一個字元是否為小寫英文字母，可用小寫英文字母判斷函式「islower」來判斷。「islower」函式用法，參考「表6-11」說明。

表 6-11 常用的內建字元判斷函式(四)

函 式 名 稱	islower()
函 式 原 型	boolean islower()
功 能	判斷字元常數或變數是否為小寫的英文字母
回 傳 值	• 若字元常數或變數不是小寫英文字母，則回傳 False。 • 若字元常數或變數是小寫英文字母，則回傳 True。 [註] 回傳值的型態為 boolean。
宣告函式原型所在的模組	Python解譯器

例：判斷"a"是否為小寫的英文字母。

解："a".islower()。

[註] 回傳值為True。

6-3-5 文字型數字或英文字母判斷函式isalnum

想知道一個字元是否為文字型的數字(0~9)或英文字母，可是用文字型數字或英文字母判斷函式「isalnum」來判斷。「isalnum」函式用法，參考「表6-12」說明。

表 6-12 常用的內建字元判斷函式(五)

函 式 名 稱	isalnum()
函 式 原 型	boolean isalnum()
功 能	判斷字元常數或變數是否為文字型的數字(0~9)或英文字母(A~Z, a~z)

回　傳　值	• 若字元常數或變數不是文字型的數字或英文字母，則回傳False。 • 若字元常數或變數是英文字母，則回傳True。 • 若字元常數或變數是文字型的數字，則回傳True。 [註] 回傳值的型態為boolean。
宣告函式原型 所 在 的 模 組	Python解譯器

例：判斷"A"是否為文字型的數字或英文字母。

解："A".isalnum()。

[註] 回傳值為True。

範例 8	寫一程式，設定長度 9 位的密碼。密碼只能是 0 ~ 9 、A ~ Z 及 a ~ z 中的字元，且必須包含至少 1 個數字、至少 1 個大寫英文字母及至少 1 個小寫英文字母。
1	upper=0　# 大寫英文字母個數
2	lower=0　# 小寫英文字母個數
3	digit=0　# 數字個數
4	error=0　# 表示有輸入不是0 ~ 9、A ~ Z及a ~ z中的字元
5	password=input("設定長度9位的密碼:")
6	if len(password) < 9 :
7	print("密碼設定錯誤.")
8	else:
9	for i in range(0, 9, 1) :
10	if password[i].isupper() : # 大寫英文字母
11	upper += 1
12	elif password[i].islower() : # 小寫英文字母
13	lower += 1
14	elif password[i].isdigit() : # 數字
15	digit += 1
16	else:
17	error=1
18	break
19	

20	if (error == 0) :
21	if (upper<1 or lower<1 or digit<1) :
22	print("密碼設定錯誤.")
23	else:
24	print("密碼設定正確.")
25	else:
26	print("密碼設定錯誤.")
執行 結果	設定長度 9 位的密碼:1a2B3C5G6 密碼設定正確.

[程式說明]

- 程式第 6 列中的「len(password)」，代表字串「password」的長度，即字串「password」有幾個字。無論是全形字或半形字都算一個字。

- 函式「len」的說明，請參考「7-4-2-1 字串長度函式 len」。

- 程式第 10-12 及 14 列中的「password[i]」，代表字串「password」的第(i+1)個字。

Chapter 7
串列

Python

　　在生活中，常會用編號來代替特定的事物。例：銀行以帳戶編號當作特定的存款戶、學校以學號當作特定的學生、企業以職員編號當作特定的員工等。資料是儲存在變數中，而一般變數一次只能儲存一個數值或文字資料，若要儲存多個資料，則必須宣告一樣多的變數。因此，使用一般變數來儲存多個資料，對變數的命名及使用是非常不方便且沒效率的。

　　Python語言提供一種稱為「List」（串列）的參考(Reference)變數，在它被宣告後，就相當於多個一般變數，非常適合用來儲存大量的資料。參考變數儲存的是資料所在的記憶體位址而不是資料本身，它是透過資料所在的記憶體位址去存取該資料。串列又稱為「清單」，在其他程式語言稱為「陣列」(Array)。

　　在意義上，一個串列變數代表多個變數的集合，串列變數的每個元素相當於一個變數。串列變數是以一個名稱來代表該集合，並以索引（或註標）來存取對應的串列元素。生活中能以串列形式來呈現的例子，有同一個班級中的學生座號（請參考「圖7-1 串列示意圖」）、同一條路名上的地址編號等。

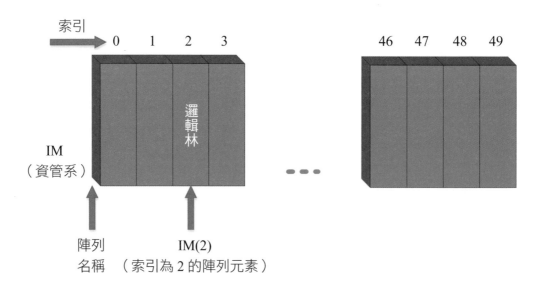

圖7-1　串列示意圖

串列變數的形式有下列兩種：

1. 一維串列變數：只有一個索引的串列變數。以員工資料為例，若企業的員工編碼是以連續數字來編碼，則可以使用「員工編碼」當作一維串列變數的索引，並利用員工編號查出員工資料。

2. 多維串列變數：有兩個索引（含）以上的串列變數。以教室課表為例，可以使用「星期」及「節數」當作二維串列變數的索引，並利用「星期」及「節數」查出當時的授課教師。

　　[註] 二維串列變數可看成多個一維串列變數的組成，三維串列變數可看成多個二維串列變數的組成，以此類推。

🖤7-1　串列變數宣告

串列變數跟一般變數一樣，使用前都要先經過宣告，讓編譯器配置記憶體空間，作為串列變數存取資料之用，否則編譯時可能會出現**未宣告識別字名稱**的錯誤訊息（切記）：

「**name '識別字名稱' is not defined**」。

一群資料，要用幾維串列變數來儲存最合適呢？若只有一個因素在改變，則使用一維串列變數來儲存是最合適的；若有兩個因素在改變，則使用二維串列變數來儲存是最合適的；以此類推。另外，也可用空間概念來思考。問題所呈現的樣貌，若為一度空間（即，直線概念），則使用一維串列變數；若為二度空間（即，平面概念），則使用二維串列變數；若為三度空間（即，立體概念），則使用三維串列變數；以此類推。在程式設計上，串列是結合迴圈一起使用，幾維串列變數就結合幾層迴圈，才能使程式精簡化。

7-1-1　一維串列變數宣告方式一

宣告一個擁有 n 個元素的一維串列變數，同時統一設定串列元素的初始值都為 x 之語法如下：

陣列變數名稱 = [x for i in range(n)]

[宣告說明]

1. 建立一個擁有 n 個元素的一維串列變數，並將所有的一維串列元素的初始值都設為 x，n 為正整數。x 的資料型態，可以是 int、float 或 str。若 x 為整數，則串列稱為一維串列變數，以此類推。
2. 串列變數名稱：串列變數名稱的命名，請參照識別字的命名規則。
3. n：代表一維串列變數的行數，表示一維串列變數有 n 個元素。
4. 一維串列，只有一個「[ ]」。是以「串列變數名稱[行索引值(或註標值)]」來存取一維串列變數的元素，行索引值(或註標值)表示一維串列元素所在的位置。
5. 使用一維串列元素時，它的「行索引值」必須介於 0 與(n-1)之間。Python 語言不會檢查串列元素的索引值是否超過範圍，若「行索引值」超過 0 與(n-1)之間，編譯時會產生任何錯誤訊息。

[註] 多維串列變數在索引（或註標）的使用上，同樣要注意不要超過範圍。

例：score=[0 for i in range(4)]

宣告有 4 個元素的一維整數串列變數 score
索引值介於 0 與 3 之間，可使用 score[0]~score[3]
且所有 score 串列元素的初始值都設為 0

例：avg=[0.0 for i in range(3)]

宣告有 3 個元素的一維浮點數串列變數 avg
索引值介於 0 與 2 之間，可使用avg[0]~avg[2]
且所有 avg 串列元素的初始值都設為 0.0

7-1-2 一維串列變數宣告方式二

宣告一個擁有 n 個元素的一維串列變數，同時設定串列元素的初始值
分別為 a_0, a_1, …, $a_{(n-1)}$ 之語法如下：

> 陣列變數名稱 = [a_0, a_1, …, $a_{(n-1)}$]

[宣告及初始化說明]

1. 建立一個擁有 n 行元素的一維串列變數，並分別設定一維串列變數的
   第 i 行的元素為 a_i，n 為正整數，且 $0 \leq i \leq (n-1)$。a_i 的資料型態，可
   以是 int、float 或 str。
2. 串列變數名稱：串列變數名稱的命名，請參照識別字的命名規則。
3. n：代表一維串列變數的行數，表示此一維串列變數有 n 個元素。
4. 使用一維串列元素時，它的「行索引值」必須介於 0 與(n-1)之間。

例：name = ["L", "o", "g", "i","c"]
    # 宣告有 5 個元素的一維字串串列變數word
    # 同時設定 5 個元素的初始值：name[0]= "L"   name[1]= "o"
    #   name[2]= "g"   name[3]= "i"   name[4]= "c"
例：score = [90, 100]
    # 宣告有2個元素的一維整數串列變數score
    # 同時設定2個元素的初始值：score[0]=90，score[1]=100

> 「範例1」的程式碼，是建立在「D:\Python程式範例\ch07」資
> 料夾中的「範例1.py」，以此類推，「範例16」的程式碼，是建立在
> 「D:\Python程式範例\ch07」資料夾中的「範例16. py」。

範例 1	寫一程式，輸入 5 位學生的程式設計期中考成績，輸出程式設計期中考平均成績。

1
2
3
4
5
6
7
8
	total=0
	score=[0 for i in range(5)] #初始化score[0],score[1],…,score[4]
	for i in range(0,5,1) : #累計5位學生的程式設計期中考成績
	　print("輸入第" ,i+1, "位學生的程式設計期中考成績:", end="")
	　score[i]=input()
	　score[i]=int(score[i])
	　total=total+ score[i]
	print("程式設計期中考平均成績:", float(total/5))

執行 結果	輸入第 1 位學生的程式設計期中考成績:80 輸入第 2 位學生的程式設計期中考成績:70 輸入第 3 位學生的程式設計期中考成績:60 輸入第 4 位學生的程式設計期中考成績:75 輸入第 5 位學生的程式設計期中考成績:52 程式設計期中考平均成績:67.4

[程式說明]

程式第2列「score=[0 for i in range(5)]」，宣告了 5 個串列變數 score[0]~ score[4]，同時它們的初始值都設為 0，用來儲存 5 位學生的程式設計期中考成績。配合一層「for ...」迴圈結構使程式撰寫更簡潔。

範例 2	寫一個程式，輸入一正整數 n，在不使用除號(/)及餘數(%)運算子情況下，將 n 以十六進位表示輸出。 [提示] 參考「2-4-5 位元運算子」。
1 2 3 4 5 6 7	import math n=input("輸入一正整數n:") n=int(n) print(n,"轉成十六進位整數為", end="") num2=int(math.log2(n)) + 1 #記錄n轉成二進位後的位數

8	# 四位二進位數字 = 一位十六進位數字
9	num16= math.ceil(float(num2/4)) # 記錄n轉成十六進位後的位數
10	
11	# 記錄n轉成十六進位整數後的每一個數值
12	hex_16=[0 for i in range(num16)]
13	
14	i=0
15	while n > 0 :
16	# 取得n轉成十六進位整數的最後四位數
17	hex_16[i]=n & 15
18	
19	i+=1
20	
21	# 將n轉成十六進位整數的最後四位數去除
22	n >>= 4
23	
24	for i in range(num16-1, -1, -1) :
25	if hex_16[i] > 9 :
26	print(chr(hex_16[i]+55), end="") # A~F
27	else :
28	print(hex_16[i], end="") # 0~9
29	
執行 結果	輸入一正整數n:129 129 轉成十六進位整數為 81

[程式說明]

- 程式第 6 列「num2=int(math.log2(n)) + 1」中的「math.log2(n)」，代表 n 以二進位表示時的最高次方之數值，故從 0 到「int(math.log2(n))」總共有「int(math.log2(n)) + 1」位。（參考「6-2-7 對數函式log」）

- 程式第 17 列中的「n & 15」，表示 n 與 15 做「&」運算所得的結果，代表 n 轉成十六進位的最後四位數。15 的二進位表示為1111。

練習 1

　　寫一個程式，輸入一正整數 n，在不使用除號(/)及餘數(%)運算子情況下，將 n 以八進位表示輸出。

　　[提示] 參考「2-4-5 位元運算子」。

範例 3	**問題描述（106/3/4 第2題小群體）** Q 同學正在練習程式，P 老師出了以下的題目讓他練習。 一群人在一起時經常會形成一個一個的小群體。假設有 N 個人，編號由 0 到 N-1，每個人都寫下他最好朋友的編號（最好朋友有可能是他自己的編號，如果他自己沒其他好友），在本題中，每個人的好友編號絕對不會重複，也就是說 0 到 N-1 每個數字都恰好出現一次。 這種好友的關係會形成一些小群體。例 N=10，好友編號如下， 表格： 0 的好友是 4，4 的好友是 6，6 的好友是 8，8 的好友是 5，5 的好友是 0，所以 0、4、6、8、和 5 就形成了一個小群體。另外，1 的好友是 7，而且 7 的好友是 1，所以 1 和7形成另一個小群體，同理 3 和 9 是一個小群體，而 2 的好友是自己，因此他自己是一個小群體。總而言之，在這個例子裡有 4 個小群體：{0,4,6,8,5}、{1,7}、{3,9}、{2}。 本題的問題是：輸入每個人的好友編號，計算出總共有幾個小群體。 Q 同學想了想卻不知如何下手，和藹可親的 P 老師於是給了他以下的提示：如果你從任何一人 x 開始，追蹤他的好友，好友的好友，……，這樣一直下去，一定會形成一個圈回到 x，這就是一個小群體。如果我們追蹤的過程中把追蹤過的加以標記，很容易知道哪些人已經追蹤過，因此，當一個小群體找到之後，我們再從任何一個還未追蹤過的開始繼續找下一個小群體，直到所有人都追蹤完畢。 Q 同學聽完之後很順利的完成了作業。 在本題中，你的任務與 Q 同學一樣：給定一群人的好友，請計算出小群體個數。

好友編號表格：

	0	1	2	3	4	5	6	7	8	9
好友編號	4	7	2	9	6	0	8	1	5	3

輸入格式
第一行是一個正整數N，說明團體中人數。
第二行依序是 0 的好友編號、1 的好友編號、……、N-1 的好友編
號。共有 N 個數字，包含 0 到 N-1 的每個數字恰好出現一次，數字間
會有一個空白隔開。

輸出格式
請輸出小群體的個數。不要有任何多餘的字或空白，並以換行字元結
尾。

範例一：輸入	範例二：輸入
10	3
4 7 2 9 6 0 8 1 5 3	0 2 1

範例一：正確輸出	範例二：正確輸出
4	2

（說明）	（說明）
4 個小群體是 {0,4,6,8,5},{1,7}, {3,9} 和 {2}。	2 個小群體分別是 {0},{1,2}。

評分說明
輸入包含若干筆測試資料，每一筆測試資料的執行時間限制(time
limit)均為 1 秒，依正確通過測資筆數給分。其中：
第 1 子題組 20 分，$1 \leq N \leq 100$，每一個小群體不超過 2 人。
第 2 子題組 30 分，$1 \leq N \leq 1,000$，無其他限制。
第 3 子題組 50 分，$1,001 \leq N \leq 50,000$，無其他限制。

```
1   n=input() #團體中的人數
2   n=int(n)
3
4   myfriend=[0 for i in range(n)]# 記錄每一個人的好友編號
5   myfriend=input().split() # 輸入編號0~(i-1)的好友編號
6
7   for i in range(0, n, 1) :    # 記錄編號i的好友編號
8       myfriend[i]=int(myfriend[i])
9
10  group=0    # 小群體的數目
```

```
11    for i in range(0,n,1) : # 編號為0~(n-1)的人
12      if myfriend[i] != -1 : # 編號i的好友尚未被追蹤過
13        #print("{", i, end="")
14        while myfriend[i] != -1 : # 編號i的好友尚未被追蹤過
15          bestfriend=myfriend[i]
16          # 編號i的好友不是自己本身,且
17          # 編號bestfriend的好友尚未被追蹤過
18          #if i != bestfriend and myfriend[bestfriend] != -1 :
19            #print(",", bestfriend, end="")
20
21          # 將編號i的好友設定為-1,表示已追蹤過
22          myfriend[i]=-1
23
24          i=bestfriend # 表示接著要尋找bestfriend的好友
25        #print("}")
26        group += 1
27    print(group)
```

執行結果	10 4 7 2 9 6 0 8 1 5 3 4

[程式說明]

若拿掉程式第 13、18、19 及 25 列的「#」，則可列出各小群體的好友編號。

🖤7-2　排序與搜尋

資料搜尋，是日常生活中常見的行為。例：上網搜尋鐵路班次時刻表、到圖書館尋找動物相關書籍等。若要從一堆沒有排序的資料中尋找資料，可真是大海撈針啊！因此，資料排序更顯得舉足輕重。

將資料群依照特定鍵值(Key Value)從小到大或從大到小的排列過程，

稱之為排序(Sorting)。例：電子辭典是依照英文字母「a~z」的順序編撰排列而成。排序的目的，是為了方便日後查詢。

7-2-1 氣泡排序法

將左右相鄰的兩個資料逐一比較且較大的資料往右邊移動，直到資料已由小到大排序好才停止比較的過程，稱之為氣泡排序法(Bubble Sort)。排序的過程就像氣泡由水底逐漸升到水面，氣泡的體積會越來越大，故稱之為氣泡排序法。氣泡排序法，是較簡單的一種排序演算方法。

使用氣泡排序法，將 n 個資料從小排到大的步驟如下：

步驟1　將位置 1 到位置 n 相鄰兩個資料逐一比較。

若左邊位置的資料＞右邊位置的資料，則將這兩個資料互換。

經過(n-1)次比較後，最大的資料就會排在位置 n 的地方。

步驟2　將位置 1 到位置(n-1)相鄰兩個資料逐一比較。

若左邊位置的資料＞右邊位置的資料，則將這兩個資料互換。

經過(n-2)次比較後，第二大的資料就會排在位置(n-1)的地方。

・・・

步驟(n-1)　比較位置 1 與位置 2 的兩個資料。

若左邊位置的資料＞右邊位置的資料，則將這兩個資料互換。

經過 1 次比較後，第二小的資料就會排在位置 2 的地方，同時也完成最小的資料排在位置 1 的地方。

[註]

• 使用氣泡排序法將 n 個資料從小排到大，最多需經過(n-1)個步驟，且各步驟的比較次數之總和為(n-1)+(n-2)+…+2+1次，即n*(n-1)/2次。

- 在排序過程中，若在某個步驟時，沒有任何資料被交換過，則表示在上一個步驟時，資料就已經完成排序了。因此，在這個步驟後，程式就可結束排序作業。

　　資料需做排序時，通常有一定的資料量且資料型態都相同，這些特徵用串列變數來記錄是最合適的。另外，「氣泡排序法」的步驟，符合迴圈結構的精神。因此，利用串列變數配合迴圈結構來撰寫「氣泡排序法」是最合適的。

範例 4	寫一程式，使用氣泡排序法，將 18、5、37、2 及 49，從小到大輸出。
1	data=[18, 5, 37, 2, 49]
2	
3	print("排序前的資料:", end="")
4	for i in range(0, 5, 1) :
5	print(data[i], " ", end="")
6	print() #換列
7	
8	#排序完成與否
9	for i in range(1, 5, 1) : # 執行4(=5-1)個步驟
10	sortok=1 # 先假設排序完成
11	for j in range(0, 4-i, 1) : # 第i步驟,執行(5-i)次比較
12	if data[j] > data[j+1] : # 左邊的資料 > 右邊的資料
13	# 互換data[j]與data[j+1]的內容
14	temp=data[j]
15	data[j]=data[j+1]
16	data[j+1]=temp
17	sortok=0 # 有交換時，表示尚未完成排序
18	if sortok == 1 : # 排序完成，跳出排序作業
19	continue
20	
21	print("排序後的資料:", end="")
22	for i in range(0, 5, 1) :
23	print(data[i], " ", end="")
執行 結果	排序前的資料:18 5 37 2 49 排序後的資料:2 5 18 37 49

[程式說明]

• 排序的過程如下：

步驟 1：（經過 4 次比較後，最大值排在位置 5）

原始資料 比較程序 No	位置 1 data[0]	位置 2 data[1]	位置 3 data[2]	位置 4 data[3]	位置 5 data[4]
	18	5	37	2	49
1	18	5	37	2	49
2	5	18	37	2	49
3	5	18	37	2	49
4	5	18	2	37	49
步驟 1 的排序結果	5	18	2	37	**49**

(1) 18 與 5 比較：18>5 ，所以 18 與 5 的位置互換。

(2) 18 與 37 比較：18<37，所以 18 與 37 的位置不互換。

(3) 37 與 2 比較：37>2 ，所以 37 與 2 的位置互換。

(4) 37 與 49 比較：37<49，所以 37 與 49 的位置不互換。

最大的資料 49，已排在位置 5。

[註] 步驟 2~4 的比較過程說明，與步驟 1 類似。

步驟 2：（經過 3 次比較後，第二大值排在位置 4）

步驟 1 的排 序結果 比較程序 No	位置 1 data[0]	位置 2 data[1]	位置 3 data[2]	位置 4 data[3]	位置 5 data[4]
	5	18	2	37	**49**
5	5	18	2	37	**49**
6	5	18	2	37	**49**
7	5	2	18	37	**49**
步驟 2 的排序結果	5	2	18	**37**	**49**

步驟 3：（經過 2 次比較後，第三大值排在位置 3）

步驟 2 的排 序結果 比較程序 No	位置1 data[0]	位置 2 data[1]	位置 3 data[2]	位置 4 data[3]	位置 5 data[4]
	5	2	18	37	49
8	5	2	18	37	49
9	2	5	18	37	49
步驟 3 的排序結果	2	5	18	37	49

步驟 4：（經過 1 次比較後，第四大值排在位置 2，同時最小值排在
位置 1）

步驟 3 的排 序結果 比較程序 No	位置 1 data[0]	位置 2 data[1]	位置 3 data[2]	位置 4 data[3]	位置 5 data[4]
	2	5	18	37	49
10	2	5	18	37	49
步驟 4 的排序結果	2	5	18	37	49

- 五筆資料，使用氣泡排序法從小排到大，需經過 4(=5-1) 個步驟，且
  各步驟的比較次數之總和為 4+3+2+1=10 次。
- 在「步驟 4」（即 i=4 時），完全沒有任何位置的資料被互換，則表
  示資料在「步驟 3」（即 i=3 時），就已經完成排序了。

排序除了上述做法外，Python 有提供一個內建排序函數「sort()」，
能直接將串列中的元素從小排到大。因此，「範例4」可以修改成以下寫
法：

```
data=[18, 5, 37, 2, 49]

print("排序前的資料:", end="")
for i in range(0, 5, 1) :
    print(data[i], " ", end="")
print() #跳行


#將data串列從小到大排序
data.sort()


print("排序後的資料:", end="")
for i in range(0, 5, 1) :
    print(data[i], " ", end="")
```

　　另外，Python 也提供一個內建順序反轉函數「reverse()」，能直接將串列中的元素順序顛倒放置。例，若要將「範例4」的順序從大到小排序，只要將「data.reverse()」填入程式第20列即可。

7-2-2　資料搜尋

　　依照特定鍵值(Key Value)來尋找特定資料的過程，稱之為資料搜尋。例：依據員工編號，可判斷該職員是不是企業的成員？若是，則可查出其緊急聯絡人。搜尋法有很多種，本節主要是介紹基礎的搜尋方法。進階的搜尋法，可參考「資料結構」或「演算法」書籍。

　　以下介紹兩種基本搜尋法：線性搜尋法(Sequential Search)及二分搜尋法(Binary Search)。

一、線性搜尋法

　　在 n 個資料中，依序從第 1 個資料往第 n 個資料去搜尋，直到找到或查無特定資料為止的方法，稱之為線性搜尋法。線性搜尋法的步驟如下：

步驟1	從位置 1 的資料開始搜尋。
步驟2	判斷目前位置的資料是否為要找的資料？ 若是，則表示找到搜尋的資料，跳到步驟5。
步驟3	判斷目前的資料是否為位置 n 的資料？ 若是，則表示查無要找的資料，跳到步驟5。
步驟4	繼續搜尋下一個資料，回到步驟2。
步驟5	停止搜尋。

[註]

- 無論資料是否排序過，皆可使用線性搜尋法。

- 平均需要做(1+n)/2次的判斷，才能確定要找的資料是否在給定的 n 個資料中。

- 當 n 越大，線性搜尋法的搜尋效率就越差。

範例5	寫一程式，輸入一個整數 num，使用線性搜尋法，判斷 num 是否在 18、5、37、2 及 49 五個資料中。
1 2 3 4 5 6 7 8 9 10 11 12	data=[18, 5, 37, 2, 49] num=input("輸入一個整數(num):") num=int(num) i=0 while (i <= 4) : 　if num == data[i] : 　　print(num, "於18、5、37、2及49中的第", i+1, "個位置") 　　break 　i += 1 # 若搜尋的資料不在5個資料中,最後while迴圈中的i=5 if i == 5 : 　print(num, "不在18、5、37、2及49中")
執行 結果	輸入一個整數(num):**8** 8不在18、5、37、2及49中

二、二分搜尋法

　　在 n 個已排序資料中，判斷資料的中間位置之內容，是否為要搜尋的特定資料？若是，則表示找到了，否則往左右兩邊的其中一邊，繼續判斷其中間位置之內容，是否為要搜尋的特定資料？若是，則表示找到了，否則重複上述的做法，直到找到或查無此特定資料為止的方法，稱之為二分搜尋法。二分搜尋法的步驟如下：

步驟1	設定資料的中央位置 =(資料的左邊位置+資料的右邊位置) / 2。
步驟2	判斷：搜尋的特定資料 = 資料中央位置的內容？ 若是，則表示特定資料已找到，跳到步驟5。
步驟3	判斷：搜尋的特定資料 > 資料中央位置的內容？ 若是，表示特定資料在資料的右半邊，則重設 資料的左邊位置 = 資料的中央位置 + 1； 否則，重新設定 資料的右邊位置 = 資料的中央位置 - 1。
步驟4	判斷：資料的左邊位置 <= 資料的右邊位置？ 若是，回到步驟1；否則表示查無欲搜尋資料。
步驟5	停止搜尋。

[註]
- 使用二分搜尋法之前，資料必須已排序過。
- 二分搜尋法是高效率的搜尋法，最多做$(1+\log_2^n)$ / 2次的判斷，就能確定要找的特定資料是否在給定的 n 個資料中。

範例 6	寫一程式，輸入一個整數 digit，使用二分搜尋法，判斷 digit 是否在 2、5、18、37 及 49 五個資料中。
1	data=[2, 5, 18, 37, 49]
2	
3	digit=input("輸入一個整數(digit):")
4	digit=int(digit)
5	
6	left=0 # 左邊資料的位置
7	right=4 # 右邊資料的位置
8	
9	while(left <= right) : # 表示c還有資料可以被搜尋
10	mid=(left + right) // 2 # mid：目前資料的中間位置
11	if digit == data[mid] : # 搜尋資料 = 中間位置的資料
12	# 表示找到欲搜尋的資料
13	break
14	elif digit > data[mid] : # 搜尋資料 > 中間位置的資料
15	# 表示下一次搜尋區域在右半邊
16	# 重設：最左邊資料的位置(left) = 中間資料的位置(mid) + 1
17	left= mid + 1
18	else: # 搜尋資料 < 中間位置的資料
19	# 表示下一次搜尋區域在左半邊
20	# 重設：最右邊資料位置(right) = 中間資料的位置(mid) - 1
21	right= mid - 1
22	
23	
24	# 左邊資料的位置 <= 右邊資料的位置：表示找到欲搜尋的資料
25	if (left <= right) :
26	print(digit, "位於資料中的第", mid+1, "個位置")
27	else:
28	print(digit, "不在資料中")
執行 結果	輸入一個整數(digit):**37** 37位於資料中的第4個位置

[程式說明]

搜尋 **37** 的過程如下：

搜尋程序 No ＼ 資料範圍	位置 1 data(0)	位置 2 data(1)	位置 3 data(2)	位置 4 data(3)	位置 5 data(4)
	2	5	18	37	49
1	2	5	18	37	49
2				37	49

- 第 1 次搜尋時，資料有 2、5、18、37 及 49。中間位置的資料索引值為 2=(0+5)/2，且資料為18。因 18<37（欲搜尋的整數），故下一次搜尋資料範圍在右半邊，索引值在**3**(=**2**+1)與4之間。

- 第 2 次搜尋時，資料剩下 37 及 49。中間位置的資料索引值為 3=(3+4)/2，且資料為37。中間位置的資料 37 與欲搜尋的資料 37 相同，故找到資料並結束搜尋。

7-3 二維串列變數

有兩個「索引」的串列變數，稱之為二維串列變數。二維串列變數的兩個「索引」，其意義就如同「列」與「行」一樣。像表格或矩陣之類的問題，用二維串列變數來處理是最合適的。

7-3-1 二維串列變數宣告方式一

宣告一個擁有「m」列「n」行共「m x n」個元素的二維串列變數，同時統一設定串列元素的初始值都為 x 之語法如下：

```
陣列名稱 = [ [x]*n for i in range(m) ]
```

[宣告說明]

1. 建立一個擁有 m 列 n 行元素的二維串列變數，並將所有的二維串列元素的初始值都設為 x，m及n都為正整數。x 的資料型態，可以是 int、float 或 str。若 x 為整數，則串列稱為二維整數串列變數，以此類推。

2. 串列變數名稱：串列變數名稱的命名，請參照識別字的命名規則。

3. m：代表二維串列變數的列數，表示此二維串列變數有 m 列元素或此二維串列變數中第 1 維的元素有 m 個。

4. n：代表二維串列變數的行數，表示此二維串列變數的每一列都有 n 行元素或此二維串列變數中第 2 維的元素有 n 個。

5. 使用二維串列元素時，它的「列索引值」必須介於 0 與 (m-1) 之間，「行索引值」必須介於 0 與 (n-1) 之間。

例：score=[[0]*2 for i in range(4)]

```
# 宣告擁有4列2行共8(=4*2)個元素的二維整數串列變數score
# 「列索引值」介於0與3之間
# 「行索引值」介於0與1之間
# 可使用score[0][0]，score[0][1]
#         score[1][0]，score[1][1]
#         …
#         score[3][0]，score[3][1]
# 且所有score串列元素的初始值都設為0
```

例：pos=[[""]*4 for i in range(5)]

```
# 宣告擁有5列4行共20(=5*4)個元素的二維字串串列變數pos
# 「列索引值」介於0與4之間
# 「行索引值」介於0與3之間
# 可使用pos[0][0] ~ pos[0][3]
#         pos[1][0] ~ pos[1][3]
```

```
#          …
#          pos[4][0] ~ pos[4][3]
# 且所有pos串列元素的初始值都設為空字串("")
```

7-3-2 二維串列變數宣告方式二

宣告一個擁有 m 列 n 行共「m x n」個元素的二維串列變數，同時設定串列元素的初始值分別為 a_{00}，…，$a_{0(n-1)}$，a_{10}，…，$a_{1(n-1)}$，…，$a_{(m-1)0}$，…，及$a_{(m-1)(n-1)}$ 之語法如下：

陣列名稱 = [[a_{00}, …, $a_{0(n-1)}$], [a_{10}, …, $a_{1(n-1)}$], …, [$a_{(m-1)0}$, …, $a_{(m-1)(n-1)}$]]

[宣告及初始化說明]

1. 建立一個擁有 m 列 n 行元素的二維串列變數，並分別初始化二維串列變數的第 i 列第 j 行的元素為 a_{ij}，a_{ij} 的資料型態可以是 int、float 或 str。m 為正整數且 $0 \leq i \leq (m-1)$，n 為正整數且 $0 \leq j \leq (n-1)$。

2. 串列變數名稱：串列變數名稱的命名，請參照識別字的命名規則。

3. m：代表二維串列變數的列數，表示此二維串列變數有 m 列元素或此二維串列變數中第 1 維的元素有 m 個。

4. n：代表二維串列變數的行數，表示此二維串列變數的每一列都有 n 行元素或此二維串列變數中第 2 維的元素有 n 個。

5. 使用此二維串列元素時，它的「列索引值」必須介於 0 與(m-1)之間，且「行索引值」必須介於 0 與(n-1)之間。

例：score=[[1,60], [2,70], [3,65], [4,90]]
宣告擁有4列2行共8(=4*2)個元素的二維整數串列變數score
「列索引值」介於0與3之間
「行索引值」介於0與1之間
第0列元素:score[0][0]=1，score[0][1]=60

第1列元素:score[1][0]=2，score[1][1]=70

第2列元素:score[2][0]=3，score[2][1]=65

第3列元素:score[3][0]=4，score[3][1]=90

範例 7	寫一程式，分別輸入國、英兩科的三次小考成績，分別輸出三次平均成績。
1	score=[[0]*3 for i in range(2)]　# 2科各3次小考成績
2	total=[0,0]　　# 2科的3次小考的成績總和
3	for i in range(0, 2, 1) :　#2科
4	total[i]=0
5	for j in range(0, 3, 1) :　#3次小考
6	if i==0 :
7	print("國文", end="")
8	else :
9	print("英文", end="")
10	print("第", j +1, "次小考成績:", end="")
11	score[i][j]=input()
12	score[i][j]=int(score[i][j])
13	total[i]=total[i] + score[i][j] #每科3次小考的成績總和
14	
15	for i in range(0, 2, 1) :
16	if i==0:
17	print("國文", end="")
18	else:
19	print("英文", end="")
20	print("平均成績:", total[i] / 3)
執行結果	國文第1次小考成績:70 國文第2次小考成績:80 國文第3次小考成績:75 英文第1次小考成績:60 英文第2次小考成績:70 英文第3次小考成績:80 國文平均成績:75.0 英文平均成績:70.0

範例 8	寫一程式，使用巢狀迴圈，輸出下列資料。 1　　　2　　　3　　　4 12　　　13　　　14　　　5 11　　　16　　　15　　　6 10　　　9　　　8　　　7

```
1    matrix=[[0]*4 for i in range(4)]  # matrix[0][0]=0, …, matrix[3][3]=0
2
3    # 從位置(0, 0)開始設定matrix[row][col]的值
4    row = 0
5    col = 0
6    k = 1
7
8    # 數字依順時針方向排列
9    # 0:表示往右  1:表示往下 2:表示往左  3:表示往上
10   direction = 0
11
12   while k <= 16 :  # 要輸出16個數字，迴圈需執行16次
13       matrix[row][col] = k # 將數字k存入(row, col)位置
14       #往右繼續設定數字
15       if direction == 0 :
16           # 將數字k存入(row, col)位置
17           if col + 1 <= 3 and matrix[row][col + 1] == 0 :
18               col += 1
19           else :
20               direction = 1
21               row += 1
22       #往下繼續設定數字
23       elif direction == 1 :
24           #判斷是否可往下繼續設定數字
25           if row + 1 <= 3 and matrix[row + 1][col] == 0:
26               row += 1
27           else :
28               direction = 2
29               col -= 1
30       #往左繼續設定數字
31       elif direction == 2 :
32           #判斷是否可往左繼續設定數字
```

```
33        if col - 1 >= 0 and matrix[row][col - 1] == 0 :
34           col-=1
35        else :
36           direction = 3
37           row -= 1
38    #往上繼續設定數字
39    elif direction == 3 :
40       #判斷是否可往上繼續設定數字
41       if row - 1 >= 0 and matrix[row - 1][col] == 0 :
42          row -= 1
43       else :
44          direction = 0
45          col += 1
46    k+=1
47
48 for row in range(0, 4, 1) :
49    for col in range(0, 4, 1) :
50       print(matrix[row][col],  end="\t")
51    print()
```

[程式說明]

　　數字輸出的方向，依序為右、下、左、上循環方式。換方向輸出的關鍵在於位置是否超出範圍或該位置已有數字了。

♥7-4　字串

　　字串，是由一個字元一個字元組合而成的。字串可看成一維字元串列，串列的每一個元素值，相當於字串的每一個字元，故可透過索引值來取得字串中的字元。在實務上，處理文字的頻率也是相當高，因此，熟悉字串資料的處理方式，也是必須具備的基本技能。與字串處理有關的運算子，有指定運算子、重複運算子、串接運算子、比較（或關係）運算子或邏輯運算子等。

7-4-1 字串運算子

在字串運算子中，除了「＋」運算子外，在意義及用法上都與之前一樣，使得在字串處理上更加方便。字串運算子的使用方式，請參考「表7-1」。

表7-1 字串物件運算子的功能說明

（假設字串物件data1="I"、data2="Logic" 及data3=""）

運算子	作用	例子	結果
＋ (串接)	將「＋」右邊的字串合併到左邊的字串的尾端	data3= data1＋ data2	data3="ILogic"
* (重複)	將「*」左邊的字串重複右邊的次數	data3= data1 * 3	data3="III"
>	判斷「>」左邊的資料是否大於右邊的資料	data1 > data2	False
<	判斷「<」左邊的資料是否小於右邊的資料	data1 < data2	True
>=	判斷「>=」左邊的資料是否大於或等於右邊的資料	data1 >= data2	False
<=	判斷「<=」左邊的資料是否小於或等於右邊的資料	data1 <= data2	True
==	判斷「==」左邊的資料是否等於右邊的資料	data1 == data2	False
!=	判斷「!=」左邊的資料是否不等於右邊的資料	data1 != data2	True
=	將「=」右邊的字串指定給左邊的字串物件變數	data3 = data2	data3="Logic"

[註] 各種比較運算子的結果不是「False」，就是「True」。「True」，表示「真」；「False」，表示「假」。

範例 9	寫一個程式，輸入出生月日，輸出對應的星座名稱。					
	出生日期	星座	出生日期	星座	出生日期	星座
	01.21~02.18	水瓶	02.19~03.20	雙魚	03.21~04.20	牡羊
	04.21~05.20	金牛	05.21~06.21	雙子	06.22~07.22	巨蟹
	07.23~08.22	獅子	08.23~09.22	處女	09.23~10.23	天秤
	10.24~11.22	天蠍	11.23~12.21	射手	12.22~01.20	魔羯

```
1    #一維陣列asterismdate，記錄24個日期，每個日期5個字元
2    asterismdate=[ "01.21", "02.18", "02.19", "03.20",
3                   "03.21", "04.20", "04.21", "05.20",
4                   "05.21", "06.21", "06.22", "07.22",
5                   "07.23", "08.22", "08.23", "09.22",
6                   "09.23", "10.23", "10.24", "11.22",
7                   "11.23", "12.21", "12.22", "01.20" ]
8
9    #一維陣列asterism，記錄12個星座，每個星座6個字元
10   asterism = [ "水瓶座", "雙魚座", "牡羊座",
11                "金牛座", "雙子座", "巨蟹座",
12                "獅子座", "處女座", "天秤座",
13                "天蠍座", "射手座", "魔羯座" ]
14
15   borndate=input("輸入出生月日(格式:99.99):")
16   # 判斷輸入的出生月日是屬於哪個星座
17   i=0
18   while (i <= 11) :
19     if borndate >= asterismdate[2*i] and borndate <= asterismdate[2*i+1] :
20       print("星座為:", asterism[i])
21       break
22     i += 1
23
24   #若搜尋的資料不在12個資料中,最後while迴圈中的
25   i=12
26     print("星座為:魔羯座")
```

執行結果	輸入出生月日(格式:99.99):01.01 星座為:魔羯座

範例 10

問題描述（105/3/5 第 2 題矩陣轉換）

矩陣是將一群元素整齊的排列成個矩形，在矩陣中的橫排稱為列 (row)，直排稱為行 (column)，其中以 X_{ij} 來表示矩陣 X 中的第 i 列第 j 行的元素。如圖一中，$X_{32} = 6$。

我們可以對矩陣定義兩種操作如下：

翻轉：即第一列與最後一列交換、第二列與倒數第二列交換，依此類推。

旋轉：將矩陣以順時針方向轉 90 度。

例如：矩陣 X 翻轉後可得到 Y，將矩陣 Y 再旋轉後可得到 Z。

	X	
1	4	
2	5	
3	6	

	Y	
3	6	
2	5	
1	4	

	Z	
1	2	3
4	5	6

圖一

一個矩陣 A 可以經過一連串的**旋轉**與**翻轉**操作後，轉換成新矩陣 B。如圖二中，A 經過翻轉與兩次旋轉後，可以得到 B。給定矩陣 B 和一連串的操作，請算出原始的矩陣 A。

A　　翻轉→　　旋轉→　　旋轉→　　B

A	
1	1
1	3
2	1

翻轉→

2	1
1	3
1	1

旋轉→

1	1	2
1	3	1

旋轉→

B	
1	1
3	1
1	2

圖二

輸入格式

第一行有三個介於 1 與 10 之間的正整數 R, C, M。接下來有 R 行 (line) 是矩陣 B 的內容，每一行 (line) 都包含 C 個正整數，其中的第 i 行第 j 個數字代表矩陣 B_{ij} 的值。在矩陣內容後的一行有 M 個整數，表示對矩陣 A 進行的操作。第 k 個整數 m_k 代表第 k 個操作，如果 $m_k = 0$ 則代表**旋轉**，$m_k = 1$ 代表**翻轉**。同一行的數字之間都是以一個空白間隔，且矩陣內容為 0~9 的整數。

輸出格式

輸出包含兩個部分。第一個部分有一行，包含兩個正整數 R' 和 C'，以一個空白隔開，分別代表矩陣 A 的列數和行數。接下來有 R' 行，每一行都包含 C' 個正整數，且每一行的整數之間以一個空白隔開，其中第 i 行的第 j 個數字代表矩陣 A_{ij} 的值。每一行的最後一個數字後並無空白。

範例一：輸入	範例二：輸入
3 2 3	3 2 2
1 1	3 3
3 1	2 1
1 2	1 2
1 0 0	0 1

範例一：正確輸出	範例二：正確輸出
3 2	2 3
1 1	2 1 3
1 3	1 2 3
2 1	

（說明）	（說明）
如圖二所示	

旋轉　　翻轉

2	1	3
1	2	3

1	2
2	1
3	3

3	3
2	1
1	2

評分說明

輸入包含若干筆測試資料，每一筆測試資料的執行時間限制 (time limit) 均為 2 秒，依正確通過測資筆數給分。其中：

第一子題組共 30 分，其每個操作都是翻轉。

第二子題組共 70 分，操作有翻轉也有旋轉。

1	#row, column：轉換後的串列B之列數及行數
2	#M：原始串列A所做的轉換次數

```
3    row, column, M = input().split()
4    row=int(row)
5    column=int(column)
6    M=int(M)
7
8    B=[[0]*column for i in range(row)]
9    for i in range(0, row, 1) :
10     B[i]=input().split()
11     for j in range(0, column, 1) :
12        B[i][j]=int(B[i][j])
13
14
15   A=[[0]*row for i in range(column)]
16
17   # 輸入原始串列A所做的M次轉換動作代號
18   # 0:順時針方向轉90度 ； 1:上下翻轉
19   operation=[0 for i in range(M)]
20   operation=input().split()
21   for i in range(0, M, 1) :
22     operation[i]=int(operation[i])
23
24   currentmatrix=0  # 0:表示目前矩陣為B, 1: 表示目前矩陣為A
25   for i in range(M-1,-1,-1) :
26     if operation[i] == 0 : # 執行逆時針旋轉
27       if currentmatrix == 0 : # B矩陣逆時針旋轉
28         # 將第j行的元素值變成第(column-1-j)列的元素值
29         for j in range(column-1, -1, -1) :
30           for i in range(0, row, 1) :
31             A[(column-1)-j][i]=B[i][j]
32       else: # A矩陣逆時針旋轉
33         # 將第j行的元素值變成第(row-1-j)列的元素值
34         for j in range(row-1, -1, -1) :
35           for i in range(0, column, 1) :
36             B[(row-1)-j][i]=A[i][j]
37
38       currentmatrix += 1
```

```
39              currentmatrix %= 2
40          else: # 執行上下翻轉
41            if currentmatrix == 0 : # B上下翻轉
42              for i in range(0, row//2, 1):
43                for j in range(0, column, 1) :
44                    # 交換第i列與第(row-1-i)列的元素值
45                    temp=B[i][j]
46                    B[i][j]=B[(row-1)-i][j]
47                    B[(row-1)-i][j]=temp
48            else: # A上下翻轉
49              for i in range(0, column//2, 1) :
50                for j in range(0, row, 1) :
51                    # 交換第i列與第(column-1-i)列的元素值
52                    temp=A[i][j]
53                    A[i][j]=A[(column-1)-i][j]
54                    A[(column-1)-i][j]=temp
55
56  if currentmatrix == 0:# 0: 表示目前矩陣為B
57    R=row
58    C=column
59  else: # 表示目前矩陣為A
60    R=column
61    C=row
62
63  print(R, C)
64  for i in range(0, R, 1) :
65    for j in range(0, C, 1) :
66      if currentmatrix == 0 :
67        print(B[i][j], end=" ")
68      else :
69        print(A[i][j], end=" ")
70      if j < C-1 :
71        print("", end="")
72    print()
```

執行 結果	3 2 3 1 1 3 1 1 2 1 0 0 3 2 1 1 1 3 2 1

7-4-2 字串函式

在 Python 中，內建許多與字串運算有關的函式。常用的內建字串函式，請參考「表7-2」至「表7-6」。

使用非內建字串函式前，記得在程式開頭處，使用「import 模組名稱」敘述，否則編譯時可能會出現**未宣告識別字名稱**的錯誤訊息（切記）：

「**name '識別字名稱' is not defined**」。

7-4-2-1 字串長度函式len

想知道字串資料包含多少個字元，可用字串長度函式「len」來計算。「len」函式用法，參考「表7-2」說明。

表 7-2 常用的內建字串函式(一)

函 式 名 稱	len()
函 式 原 型	int len(str data)
功 能	取得「data」字串的長度 [註]參數「data」的型態為「str」。
回 傳 值	回傳值的型態為「int」。
宣告函式原型 所 在 的 模 組	Python解譯器

函式 len 的使用語法如下：

---

len(字串變數或常數)

例："我是Logic"的長度為何?

解：data="我是Logic"

print(len(data)) # 輸出「7」

	問題描述（106/3/4 第1題秘密差） 將一個十進位正整數的奇數位數的和稱為 A，偶數位數的和稱為B，則 A 與 B 的絕對差值 |A－B| 稱為這個正整數的秘密差。 例如：263541的奇數位數和A = 6+5+1=12，偶數位數的和B = 2+3+4=9，所以 263541的秘密差是|12－9|=3。 給定一個十進位正整數X，請找出X的秘密差。 輸入格式 輸入為一行含有一個十進位表示法的正整數X，之後是一個換行字元。 輸出格式 請輸出X的秘密差Y（以十進位表示法輸出），以換行字元結尾。
範例 11	範例一：輸入 263541 範例一：正確輸出 3 （說明）263541的A = 6+5+1=12，B = 2+3+4=9，|A－B|=|12－9|=3。 範例二：輸入 131 範例二：正確輸出 1

	（說明）131的A = 1+1=2，B = 3，|A－B|=|2－3|=1。 評分說明 輸入包含若干筆測試資料，每一筆測試資料的執行時間限制(time limit)均為1秒，依正確通過測資筆數給分。其中： 第1子題組20分：X一定恰好四位數。 第2子題組30分：X的位數不超過9。 第3子題組50分：X的位數不超過1000。

1
2
3
4
5
6
7
8
9
	digit=input()
	
	# sum[0]:記錄奇數位數的總和，sum[1]:記錄偶數位數的總和
	sum=[0,0] # sum[0]=0, sum[1]=0
	
	for i in range(len(digit)-1, -1, -1) : # len(digit):字串digit的長度
	   sum[i%2] += int(digit[i]) # int(digit[i]):字元digit[i]對應的ASCII值
	
	print(abs(sum[0]-sum[1]))

執行 結果	263541 3

7-4-2-2　字元轉換Unicode值函式ord

想知道一個字元對應的Unicode值，可用函式「ord」來取得。「ord」函式用法，參考「表7-3」說明。

表 7-3 常用的內建字串函式(二)

函 式 名 稱	ord()
函 式 原 型	int ord(str ch)
功　　　能	將「ch」字元轉換成Unicode值 [註]參數「ch」的型態為「str」。
回 　傳 　值	回傳值的型態為「int」。
宣告函式原型 所 在 的 模 組	Python 解譯器

函式ord的使用語法如下：

> **ord(字串變數或常數)**

　　例："A"字元對應的Unicode值為何？

　　解：print(ord("A")) # 輸出「65」

7-4-2-3　Unicode值轉換字元函式chr

　　想知道一個 Unicode 值對應的字元，可用函式「chr」來取得。「chr」函式用法，參考「表7-4」說明。

表 7-4　常用的內建字串函式(三)

函 式 名 稱	chr()
函 式 原 型	str chr(int code)
功　　　能	將「code」整數轉換成對應的字元 [註] 參數「code」的型態為「int」。
回 傳 值	回傳值的型態為「str」。
宣告函式原型 所在的模組	Python 解譯器

　　函式 chr 的使用語法如下：

> **chr(整數變數或常數)**

　　例："A"字元對應的Unicode值為何？

　　解：print(chr(65)) # 輸出「"A"」

練習2

　　邏輯先生想約思維小姐下班後出去玩，但怕被不通先生知道，於是寫了一段彼此間都懂得如何轉換的通關密碼給思維小姐，以防止計畫曝光。寫一程式，設定通關密語，輸出通關密碼（數字文字），然後再將通關密碼轉換成通關密語並輸出。

[提示] 假設通關密語為"5點在Python KTV見，一起歡唱"，利用ord函式，將它轉換成通關密碼，然後再利用chr函式，解出通關密語。

範例 12	問題描述（106/10/28第2題交錯字串） 一個字串如果全由大寫英文字母組成，我們稱為大寫字串；如果全由小寫字母組成則稱為小寫字串。字串的長度是它所包含字母的個數，在本題中，字串均由大小寫英文字母組成。假設 k 是一個自然數，一個字串被稱為「k-交錯字串」，如果它是由長度為 k 的大寫字串與長度為k的小寫字串交錯串接組成。 舉例來說，「StRiNg」是一個1-交錯字串，因為它是一個大寫一個小寫交替出現；而「heLLow」是一個2-交錯字串，因為它是兩個小寫接兩個大寫再接兩個小寫。但不管k是多少，「aBBaaa」、「BaBaBB」、「aaaAAbbCCCC」都不是 k- 交錯字串。 本題的目標是對於給定k值，在一個輸入字串找出最長一段連續子字串滿足 k- 交錯字串的要求。例如 k=2 且輸入「aBBaaa」，最長的 k-交錯字串是「BBaa」，長度為 4。又如 k=1 且輸入「BaBaBB」，最長的 k-交錯字串是「BaBaB」，長度為 5。 請注意，滿足條件的子字串可能只包含一段小寫或大寫字母而無交替，如範例二。此外，也可能不存在滿足條件的子字串，如範例四。 輸入格式 輸入的第一行是 k，第二行是輸入字串，字串長度至少為 1，只由大小寫英文字母組成 (A~Z, a~z) 並且沒有空白。 輸出格式 輸出、輸入字串中滿足 k-交錯字串的要求的最長一段連續子字串的長度，以換行結尾。

範例一：輸入 1 aBBdaaa	範例二：輸入 3 DDaasAAbbCC
範例一：正確輸出 2	範例二：正確輸出 3
範例三： 2 aafAXbbCDCCC	範例四： 3 DDaaAAbbCC
範例三：正確輸出 8	範例四：正確輸出 0

評分說明

輸入包含若干筆測試資料，每一筆測試資料的執行時間限制(time limit)均為 1 秒，依正確通過測資筆數給分。其中：

第 1 子題組 20 分，字串長度不超過 20 且 k=1。

第 2 子題組 30 分，字串長度不超過 100 且 k ≤ 2。

第 3 子題組 50 分，字串長度不超過 100,000 且無其他限制。

提示：根據定義，要找的答案是大寫片段與小寫片段交錯串接而成。本題有多種解法的思考方式，其中一種是從左往右掃描輸入字串，我們需要記錄的狀態包含：目前是在小寫子字串中，還是大寫子字串中，以及在目前大(小)寫子字串的第幾個位置。根據下一個字母的大小寫，我們需要更新狀態並且記錄以此位置為結尾的最長交替字串長度。

另外一種思考是先掃描一遍字串，找出每一個連續大(小)寫片段的長度並將其記錄在一個陣列，然後針對這個陣列來找出答案。

```python
1   # k-交錯字串
2   k=input()
3   k=int(k)
4
5   data=input()
6
7   # 某一段連續子字串滿足k-交錯字串的長度
8   length=0
9
10  # 字串中滿足k-交錯字串最長的一段連續子字串的長度
11  maxlength=0
12
13  # 0:第1次檢查連續k個大寫字元是否符合k-交錯字串規則
14  # 1:第2,3,...次檢查連續k個大寫字元是否符合k-交錯字串規則
15  upper=0
16
17  # 0:第1次檢查連續k個小寫字元是否符合k-交錯字串規則
18  # 1:第2,3,...次檢查連續k個小寫字元是否符合k-交錯字串規則
19  lower=0
20
21  # 每次檢查連續k個字元是否符合k-交錯字串規則，所要移動字元數
```

```
22    movelength=1
23    i=0
24    while i>=0 and i<=len(data)-1 :
25      # 每次最多判斷連續k個字元，且j不能超出索引值len(data)-2
26      # 因為(data[j]-91) * (data[j+1]-91)要有意義,(j+1)<=len(data)-1
27      j=i
28      while j<k+i-1 and j<=len(data)-2 :
29        if (ord(data[j])-91) * (ord(data[j+1])-91) < 0 :
30          break
31        j+=1
32
33      # j == k+i-1:表示連續k個字元全部大寫或小寫
34      if j == k+i-1 :
35        if ord(data[i]) <= 90 :
36          # 連續k個大寫字元符合k-交錯字串規則的第1次
37          if upper == 0 :
38            upper=1
39
40            # 連續符合k-交錯字串規則的長度,必須+k
41            length += k
42          else : # 連續兩次k個字元都是大寫
43
44            # 違反k-交錯字串規則,連續符合k-交錯字串規則
45            # 的長度,必須-k
46            length -= k
47        else :
48          # 連續k個小寫字元符合k-交錯字串規則的第1次
49          if lower == 0 :
50            lower=1
51
52            # 連續符合k-交錯字串規則的長度,必須+k
53            length += k
54          else : # 連續兩次k個字元都是小寫
55
56            # 違反k-交錯字串規則,連續符合k-交錯字串規則
57            # 的長度,必須-k
```

```
58              length -= k
59
60          # 前k個連續字元與後 k 個連續字元符合k-交錯字串規則
61          if upper + lower == 2 :
62              # 因這次連續k個字元會當下一次判斷是否連續兩次符
63              # 合k-交錯字串規則的起始點,所以符合k-交錯字串規則
64              # 的長度需-k,以避免重複計算
65              length -= k
66
67              # 檢查下一個連續k個字元時,將符合k-交錯字串規則的
68              # 連續k個大寫字元設為第1次
69              upper=0
70
71              # 檢查下一個連續k個字元時,將符合k-交錯字串規則的
72              # 連續k個小寫字元設為第1次
73              lower=0
74
75              # 因這次連續k個字元會當下一次判斷是否連續兩次符
76              # 合k-交錯字串規則的起始點,所以無須再移動檢查位置
77              movelength=0
78          else :
79              # 若k個連續字元滿足k-交錯字串,則下一次檢查位置
80              # 需再往後移動k個字元
81              movelength=k
82
83              # 若字串中滿足k-交錯字串的長度 >
84              # 字串中滿足k-交錯字串最長的一段連續子字串的長度
85              if length > maxlength:
86                  maxlength=length
87      else :
88          # 若每次判斷連續k個字元不是全部大寫或小寫,
89          # 則將下一個連續子字串滿足k-交錯字串的長度重新歸零
90          length=0
91
92          # 若連續兩次k個字元不是全部大寫或小寫,則下一次檢查位
93          # 置往後移動1個字元
```

94	if upper + lower == 0 :
95	movelength=1
96	else :
97	# 因(-k+1) < 0, 故下一次檢查位置需往後移動(-k+1)個字
98	# 元,其實是往前移動(k-1)個字元
99	movelength=-k +1
100	
101	
102	# 檢查下一個連續k個字元時, 設定為第1次檢查連續k個大
103	# 寫字元是否符合k-交錯字串規則
104	upper=0
105	
106	# 檢查下一個連續k個字元時, 設定為第1次檢查連續k個小
107	# 寫字元是否符合k-交錯字串規則
108	lower=0
109	i += movelength
110	print(maxlength)
執行結果	3 DDaasAAbbCC 3

[程式說明]

- 程式第 27~31 列的目的，是找出連續大寫或小寫的字元長度。大寫的英文字母的 ASCII 值在 65~90 之間，小寫的英文字母的 ASCII 值在 97~122 之間。若第 j 個字元與第 (j+1) 個字元不同時為大寫或小寫，則 (ord(data[j])-91) * (ord(data[j+1])-91) < 0，代表這一段連續大寫或小寫字元到索引 j 為止。若連續大寫或小寫字元的長度小於 k，則此段字元不符合 k- 交錯字串規則，捨棄不計算，重新尋找符合 k- 交錯字串規則的下一段連續大寫或小寫字元。

- 程式第 35~58 列的目的，是計算符合 k- 交錯字串規則的長度。若第 1 次連續大寫或小寫，則將 k- 交錯字串的長度 + k；若連續 2 次符合 k- 交錯字串規則大寫或小寫，則將 k- 交錯字串的長度 – k，避免重複計算。在一次連續大寫及一次連續小寫或一次連續小寫及一次連續大寫後，重新將 upper 設定為 0，代表第 1 次計算連續大寫，及將 lower 設定為 0，代表第 1 次計算連續小寫。

範例 13	範例12（106/10/28第2題交錯字串）的第二種寫法。
1	k=input()
2	k=int(k)
3	
4	data=input()
5	
6	# cross[i]:記錄第i個的連續大寫字元或連續小寫字元的長度
7	cross=[0 for i in range(100000)]
8	
9	uppernum=0 # 記錄連續大寫字元的長度
10	lowernum=0 # 記錄連續小寫字元的長度
11	j=0
12	for i in range(0, len(data), 1) :
13	# 大寫的英文字母的ASCII值在65~90之間
14	# 小寫的英文字母的ASCII值在97~122之間
15	if ord(data[i]) <= 90:
16	# 將前一段連續小寫字元長度記錄在cross[j]
17	if (lowernum > 0) :
18	cross[j]=lowernum
19	j += 1
20	
21	# 計算本段連續大寫字元長度時，將連續小寫字元長度歸0
22	lowernum=0
23	uppernum += 1
24	
25	else:
26	# 將前一段連續大寫字元長度記錄在cross[j]
27	if uppernum > 0 :

```
28          cross[j]=uppernum
29          j += 1
30
31      # 計算本段連續小寫字元長度時，將連續大寫字元長度歸0
32      uppernum=0
33
34      lowernum += 1
35
36  # 累計連續大寫字元或連續小寫字元後,才會將該段連續字元長度記錄
37  # 在cross[j]中,故離開迴圈後,需將最後一段連續字元長度記錄起來
38  if uppernum > 0 :
39      cross[j]=uppernum
40  else:
41      cross[j]=lowernum
42
43  cross_sections=j # 記錄連續大小寫交錯區段數
44  max_ksections=0  # 記錄符合k-交錯字串的最多區段數
45  count=0 # 記錄符合k-交錯字串的區段數
46  for i in range(0, cross_sections+1, 1):
47      # 若cross陣列的元素值 >= k個連續大寫字元或連續小寫字元
48      if cross[i] >= k :
49          count += 1
50
51          # 違反連續k-交錯字串規則,
52          # 但cross[i]符合連續k個字元全部大寫或小寫
53          if cross[i] > k :
54              # 因違反k-交錯字串規則,k-交錯字串已中斷,
55              # 故需判斷是否變更符合k-交錯字串的最多區段數
56              if count > max_ksections:
57                  max_ksections=count
58
59              count=1 # 符合k-交錯字串規則的個數設定為1
60      else : # cross陣列的元素值,違反k-交錯字串規則
61          # 因違反k-交錯字串規則,k-交錯字串已中斷,
62          # 故需判斷是否變更符合k-交錯字串的最多區段數
63          if count > max_ksections :
```

64	max_ksections=count
65	
66	count=0 # 將符合k-交錯字串的區段數歸0
67	
68	# 若cross[cross_sections] (陣列cross的最後一個元素值) 剛好等於k
69	# 則需再判斷是否變更符合k-交錯字串的最多區段數
70	if count > max_ksections :
71	max_ksections=count
72	
73	print(max_ksections * k)
執行 結果	3 DDaasAAbbCC 3

[程式說明]

- 程式第 12~41 列的目的，將字串中的連續大寫或小寫的字元個數依序記錄在串列 cross 中。

  程式第 46~66 列的目的，是在串列 cross 的元素值中，尋找符合連續 k- 交錯字串規則的最多區段，即符合連續 k- 交錯字串規則的 cross 串列索引值的最多連續個數。

7-4-2-4 子字串搜尋函式find

想知道字串中是否含有其他特定資料，可用子字串搜尋函式「find」來判斷。「find」函式用法，參考「表7-5」說明。

表 7-5 常用的內建字串函式(四)

函 式 名 稱	find()
函 式 原 型	int find(str searcheddata [,int index_start, int index_end])

功　　能	在「特定字串」的索引位置「index_start」~「index_end-1」中搜尋「searcheddata」字串，並回傳首次出現的索引位置。若參數「searcheddata」字串沒有出現在「特定字串」中，則會回傳「-1」 [註] • 參數「index_start」及「index_end」的型態均為「int」。 • [, int index_start, int index_end]，表示「, index_start, index_end」可寫可不寫，視需要填入。 　➤ 若只省略「index_end」，則代表在「特定字串」的索引位置「index_start」~「len(特定字串)-1」中搜尋。 　➤ 若「index_start」及「index_end」，則代表在「特定字串」的索引位置「0」~「len(特定字串)-1」中搜尋。
回　傳　值	回傳值的型態為「str」
宣告函式原型所在的模組	Python解譯器

函式 find 的使用語法如下：

字串變數(或常數)1.find(字串變數(或常數)2)

或

字串變數(或常數)1.find(字串變數(或常數)2, 起始索引, 終止索引)

例："邏輯"是否有出現在"我是Logic"中？

解：data="我是Logic"

　　print(data.find("邏輯"))

　　# 輸出「-1」，表示"邏輯"沒有出現在"我是Logic"中

例："中華"是否出現在"2021中華"的索引位置2~4中？

解：print("2021中華".find("中華", 2, 5))

　　# 輸出「-1」，表示"中華"出現在"2021中華"的索引位置2~4中

7-4-2-5 擷取子字串

想從字串中取出一部分的資料，當作子字串，可用串列的索引位置來取得。取出字串中索引1～(索引2-1)之間的資料之語法如下：

字串變數名稱[索引1：索引2]

例：(1)取出字串"Republic of China is my country."中的前 17 個字元。

　(2)取出字串"Republic of China is my country."中的子字串 "country"。

解：src="Republic of China is my country."

　# 從索引值0的位置(即src[0])開始，往後擷取17個字元

　dest=src[0：17]

　print("dest=", dest)　# 輸出：dest= Republic of China

　# 從索引值24的位置(即src[24])開始，往後擷取7個字元

　dest= src[24：31]

　print("dest=", dest)　# 輸出：dest= country.

範例 14	寫一程式，輸入 a 字串及 b 字串，輸出字串 a 中出現幾次 b 字串。
1	a=input("輸入a字串:")
2	b=input("輸入b字串:")
3	print(a , "中共出現", end="")
4	
5	count=0 # 記錄b字串出現在a字串中的次數
6	pos=0
7	# pos：記錄每次a字串之搜尋起始索引位置
8	# pos = 0：表示一開始從a字串之0索引位置(即a[0])往後搜尋
9	
10	while a.find(b, pos) != -1 :
11	count+=1
12	pos=pos + a.find(b, pos) + len(b)
13	if pos >= len(a) :
14	continue
15	print(count, "次", b)

執行結果	輸入a字串:aircondition 輸入b字串:on aircondition中共出現2次on

[程式說明]

- 程式第 10 列中
  - ➤ 「a.find(b, pos)」，代表從 a 字串的 pos 索引位置開始（即a[pos]元素）往後搜尋 b 字串。
  - ➤ 「a.find(b, pos) != -1」代表從 a 字串的 pos 索引位置以後有找到 b 字串。
- 程式第 12 列中的「pos=pos+a.find(b, pos)+len(b)」，代表下一次搜尋 b 字串的起始索引位置 = 上一次搜尋的起始索引位置 + 這次找到 b 字串的索引位置 + b 字串的長度。
- 程式第 13 列中的「pos >= len(a)」
  下一次搜尋 b 字串的起始索引位置 >= a 字串的長度，代表 b 字串在 a 字串中已經搜尋完畢。

範例 15	寫一個程式，輸入出生月日，輸出對應的星座名稱。					
	出生日期	星座	出生日期	星座	出生日期	星座
	01.21~02.18	水瓶	02.19~03.20	雙魚	03.21~04.20	牡羊
	04.21~05.20	金牛	05.21~06.21	雙子	06.22~07.22	巨蟹
	07.23~08.22	獅子	08.23~09.22	處女	09.23~10.23	天秤
	10.24~11.22	天蠍	11.23~12.21	射手	12.22~01.20	魔羯

```
1    # 一維字元陣列asterism，記錄12個星座，共73(=6*12+1)個字元
2    asterism ="水瓶雙魚牡羊金牛雙子巨蟹獅子處女天秤天蠍射手魔羯"
3
4    # 一維字元陣列asterismdate，記錄12個星座日期區間，
5    # 共121(=10*12+1)個字元，1為結束字元所占的空間
```

6	asterismdate = "01.2102.1802.1903.2003.2104.2004.2105.2005.2106.2106. 2207.2207.2308.2208.2309.2209.2310.2310.2411.2211.2312.2112.2201.20 "
7	check=0
8	# begindate, enddate 記錄星座的起始日期及終止日期
9	# name 記錄星座的名稱
10	# borndate 出生日期
11	borndate=input("輸入出生月日(格式:99.99):")
12	for i in range(0, 12, 1) :
13	begindate = asterismdate[10*i:10*i+5] # 取出第i個星座的起始日期
14	enddate=asterismdate[10*i+5:10*i+5+5] # 取出第i個星座的終止日期
15	
16	if borndate >= begindate and borndate <= enddate :
17	check=1
18	name=asterism[2*i:2*i+2]# 取出第i個星座的名稱
19	print("星座為:", name,"座", sep="")
20	continue
21	
22	if check == 0 :
23	print("星座為:魔羯座")
執行 結果	輸入出生月日(格式:99.99):01.01 星座為:魔羯座

[程式說明]

- 程式第 6 列，其實是在同一列，但長度太長，導致分成三列。

  asterismdate =

  "01.2102.1802.1903.2003.2104.2004.2105.2005.2106.2106.2207.2207.23
  08.2208.2309.2209.2310.2310.2411.2211.2312.2112.2201.20"

- 程式第 13 及 14 列中的 10，是每個星座的起始日期及終止日期共占
  的字串長度 (Byte)；程式第 13 及 14 列中的 5，是每個星座的起始日
  期和終止日期兩者各占的字串長度 (Byte)。

- 程式第 18 列中的 2，是每個星座名稱各占的字串長度 (Byte)。

💟 7-5　隨機亂數

隨機亂數是根據某種公式計算所得到的數字，每個數字出現的機會均等。Python 語言所提供的隨機亂數有很多組，每組都有一個編號。在隨機亂數產生之前，需先選取一組隨機亂數，讓隨機產生的亂數無法被預測，才能達到保密效果。若沒有先選定一組隨機亂數，則系統會預設一組編號固定的隨機亂數給程式使用，導致兩個不同的隨機亂數變數所取得的隨機亂數資料，在「數字」及「順序」上都會是一模一樣。因此，為確保隨機亂數組別編號的隱密性，建議不要使用固定的隨機亂數組別編號，最好用時間當作隨機亂數組別的編號。

與隨機亂數有關的內建函式，是宣告在「random」模組中。常用的內建隨機亂數函式，請參考「表7-6」至「表7-8」。

使用內建隨機亂數函式之前，記得在程式開頭處，使用「import random」敘述，否則編譯時可能會出現**未宣告識別字名稱**的錯誤訊息（切記）：

「**name '識別字名稱' is not defined**」。

7-5-1　亂數種子函式seed

不想讓隨機產生的亂數資料被預測到，可用亂數種子函式「seed」來完成。「seed」函式用法，參考「表7-6」說明。

表 7-6　常用的隨機亂數函式(一)

函 式 名 稱	seed()
函 式 原 型	seed([float x])

功　　　能	設定隨機亂數組別的編號 [註] • 參數「x」的型態為「float」。 • [float x]，表示「x」可寫可不寫，視需要填入。若省略「x」，代表用目前時間當作隨機亂數組別的編號。 • 若要用目前時間當作隨機亂數組別的編號，也可直接省去 seed函數的使用。
回　傳　值	無
宣告函式原型所在的模組	random

函式seed的使用語法如下：

---

random.seed(浮點數變數或常數)

例：設定隨機亂數組別的編號為 2021。

解：random.seed(2021)

7-5-2　亂數產生函式randint

　　要隨機產生一個整數亂數，可用整數亂數產生函式「randint」來完成。「randint」函式用法，參考「表7-7」說明。

表 7-7　常用的隨機亂數函式(二)

函　式　名　稱	randint()
函　式　原　型	int randint(int a, int b)
功　　　能	隨機產生介於a(含)到b(含)之間的整數
回　傳　值	[註]回傳值的型態為「int」。
宣告函式原型所在的模組	random

[註]

- 「randint」函式所產生的隨機亂數，都是由先前「seed」函式所設定的隨機亂數組別來決定。因此，通常在使用「randint」函式之前，必須先使用「random.seed()」來設定隨機亂數組別的編號。
- 函式randint的使用語法如下：

---

random.randint(整數變數(或常數)1, 整數變數(或常數)2)

例：產生介於 2 到 12 之間的隨機亂數之敘述為何？

解：random.randint(2, 12) #結果: 8 (每一次都不同)

7-5-3 亂數產生函式random

要隨機產生一個浮點亂數，可用浮點亂數產生函式「random」來完成。「random」函式用法，參考「表7-8」說明。

表 7-8 常用的隨機亂數函式(三)

函 式 名 稱	random()
函 式 原 型	float random()
功　　　能	隨機產生介於0(含)到1(不含)之間的浮點數。
回　傳　值	[註]回傳值的型態為「float」。
宣告函式原型所在的模組	random

[註]

- 「random」函式所產生的隨機亂數，都是由先前「seed」函式所設定的隨機亂數組別來決定。因此，通常在使用「random」函式之前，必須先使用「random.seed()」來設定隨機亂數組別的編號。
- 函式random的使用語法如下：

> **random.random()**

例：產生介於 0 到 1 之間的浮點數隨機亂數之敘述為何？

解：random.random()　#結果: 0.03755195873260819 (每一次都不同)

範例 16	寫一個程式，隨機產生 10 個介於 10~99 之間的整數並輸出。
1 2 3 4 5 6	import random data=[0 for i in range(10)] random.seed() for i in range(0, 10, 1) : 　data[i]=random.randint(10, 99) 　print(data[i], end="\t")
執行結果	59　26　57　31　81　81　48　30　27　80

寫一程式，模擬數學四則運算 (+，-，*，/)，產生 2 個介於 10~99 之間亂數及一個運算子，然後回答結果並輸出對或錯。

大學程式設計先修檢測 (APCS) 試題解析

一、程式設計觀念題

1. 大部分程式語言都是以列為主的方式儲存陣列。在一個 8x4 的陣列 (array)A 裡，若每個元素需要兩單位的記憶體大小，且若A[0][0] 的記憶體位址為 108 (十進位表示)，則 A[1][2] 的記憶體位址為何？（105/3/5 第 19 題）

(A) 120

(B) 124

(C) 128

(D) 以上皆非

解 答案：(A)

(1) 一個 8x4 的陣列，表示有 8 列，每一列有 4 個元素。

(2) 從 A[0][0] 算起，A[1][2] 是陣列的第 7(=1*4+2+1) 個元素。因此，A[1][2] 的記憶體位址為 108+6*2=120。

2. 若宣告一個字元陣列 char str[20]="Hello world!"; (Python 寫法：str="Hello world!")，則該陣列 str[12] 值為何？（105/10/29 第 13 題）

(A) 未宣告

(B) \0

(C) !

(D) \n

解 答案：(B)

C 的解法：str 為字串，以字元陣列的形式表示，則寫法為：

char str[20]={'H', 'e', 'l', 'l', 'o', ' ', 'w', 'o', 'r', 'l', 'd', '!', '\0'};

因此，str[12]為'\0'(字串結束字元)。

Python 的解法：

字串 str="Hello world!"，

str[0]='H', str[1]='e',…, str[10]='d', str[11]='!'

str[12] 的結果： string index out of range 索引超出範圍

3. 若 A[1]、A[2]，和 A[3] 分別為陣列 A[ ] 的三個元素(element)，下列哪個程式片段可以將 A[1] 和 A[2] 的內容交換？（106/3/4 第 11 題）

(A) A[1]=A[2]; A[2]=A[1];

(B) A[3]=A[1]; A[1]=A[2]; A[2]=A[3];

(C) A[2]=A[1]; A[3]=A[2]; A[1]=A[3];

(D) 以上皆可

解 答案：(B)

兩個變數的內容要交換，必須透過第 3 個變數，才能完成。交換的要訣：由第 3 個變數開始設定，形成一個迴路。

A[3]=A[1];

A[1]=A[2];

A[2]=A[3];

4. 經過運算後，下方程式的輸出為何？（105/3/5 第 4 題）

(A) 1275

(B) 20

(C) 1000

(D) 810

```
1  for i in range(1, 101, 1) :
2      b[i]=i
3
4  a[0]=0
5  for i in range(1, 101, 1) :
6      a[i]=b[i]+a[i-1]
7
8  print(a[50]-a[30])
```
Python語言寫法

```
1  for (i=1 ; i<=100 ; i=i+1) {
2      b[i]=i;
3  }
4  a[0]=0;
5  for (i=1 ; i<=100 ; i=i+1) {
6      a[i]=b[i]+a[i-1];
7  }
8  printf("%d\n", a[50]-a[30]);
```
C語言寫法

解 答案：(D)

(1) 程式第 1~3 列，設定 b[1]=1，b[2]=2，…，b[100]=100。

(2) 程式第 5~7 列，設定

$$a[1]=1+0=1$$

$$a[2]=2+a[1]$$

$$a[3]=3+a[2]$$

…

$$\underline{+)\ a[n]=n+a[n-1]}$$

$$a[n]=1+2+\cdots+n$$

所以 a[30]=1+2+…+30，a[50]=1+2+…+50

a[50]-a[30]=31+…+50=(31+50) * 20 / 2=810

5. 下面哪組資料若依序存入陣列中，將無法直接使用二分搜尋法搜尋資料？（105/10/29 第 8 題）

(A) a, e, i, o, u

(B) 3, 1, 4, 5, 9

(C) 10000, 0, -10000

(D) 1, 10, 10, 10, 100

解 答案：(B)

使用二分搜尋法搜尋資料前，必須將資料排序過。

3, 1, 4, 5, 9 沒有排序過，故無法直接使用二分搜尋法搜尋資料。

6. 請問下方程式輸出為何？（105/3/5 第 9 題）

(A) 1

(B) 4

(C) 3

(D) 33

```
1  A=[0 for i in range(5)]
2  B=[0 for i in range(5)]
3  for i in range(1, 5, 1) :
4    A[i]=2+i*4
5    B[i]=i*5
6
7  c=0
8  for i in range(1, 5, 1) :
9    if B[i]>A[i] :
10     c=c+(B[i] % A[i])
11
12   else :
13     c=1
14
15
16  print(c)
```
Python語言寫法

```
1  int A[5], B[5], i, c;
2    …
3  for (i=1 ; i<=4 ; i=i+1) {
4    A[i]=2+i*4;
5    B[i]=i*5;
6  }
7  c=0;
8  for (i=1 ; i<=4 ; i=i+1) {
9    if (B[i]>A[i]) {
10     c=c+(B[i] % A[i]);
11   }
12   else {
13     c=1;
14   }
15  }
16  printf("%d\n",c);
```
C語言寫法

解 答案：(B)

(1) 程式第 8~14 列的迴圈，在 i=1 及 i=2 時，B[i]<A[i]，所以 c=1

(2) 在 i=3，B[i]=15>A[i]=14，所以 c=c+(B[i] % A[i])=1+15 % 14=2

(3) 在 i=4時，B[i]=20>A[i]=18，所以 c=c+(B[i] % A[i])=2+20 % 18=4

7. 定義 a[n] 為一陣列 (array)，陣列元素的指標為 0 至 n-1。若要將陣列中 a[0] 的元素移到 a[n-1]，下方程式片段空白處該填入何運算式？
（105/3/5 第 11 題）

(A) n+1

(B) n

(C) n-1

(D) n-2

```
1  …                                  1  int i, hold, n;
2  …                                  2  …
3  for i in range(0, ___, 1) :        3  for (i=0 ; i<= ___ ; i=i+1) {
4      hold=a[i]                       4      hold=a[i];
5      a[i]=a[i+1]                     5      a[i]=a[i+1];
6      a[i+1]=hold                     6      a[i+1]=hold;
7                                      7  }
        Python語言寫法                        C語言寫法
```

(解) 答案：(D)

> (1) 程式第 4~6 列的目的，是將 a[i] 與 a[i+1] 的內容交換。因此，a[0] 的元素要移到 a[n-1]，需經過 (n-1) 次交換。
>
> (2) 程式第 3~7 列的迴圈變數 i 從 0 開始，若 i <= (n-2)，則執行 (n-1) 次的交換。所以，空白處該填入 (n-2)。

8. 下方程式碼執行後輸出結果為何？（105/10/29 第 5 題）

(A) 2 4 6 8 9 7 5 3 1 9

(B) 1 3 5 7 9 2 4 6 8 9

(C) 1 2 3 4 5 6 7 8 9 9

(D) 2 4 6 8 5 1 3 7 9 9

```
1  a=[1, 3, 5, 7, 9, 8, 6, 4, 2]      1  int a[9]={1, 3, 5, 7, 9, 8, 6, 4, 2};
2  n=9                                2  int n=9, tmp;
3  for i in range(0, n, 1) :          3  for (int i=0; i<n; i+1) {
4      tmp=a[i]                        4      tmp=a[i];
5      a[i]=a[n-i-1]                   5      a[i]=a[n-i-1];
6      a[n-i-1]=tmp                    6      a[n-i-1]=tmp;
7                                      7  }
8  for i in range(0, n // 2 + 1, 1) : 8  for (int i=0; i<=n/2; i=i+1)
9      print(a[i], a[n-i-1], end="")  9      printf("%d %d ", a[i], a[n-i-1]);
        Python語言寫法                        C語言寫法
```

(解) 答案：(C)

(1) 程式第 3~7 列 for 迴圈的目的，是將 a[0] 與 a[8] 的內容交換、a[1] 與 a[7] 的內容交換、a[2] 與 a[6] 的內容交換、a[3] 與 a[5] 的內容交換、a[4] 與 a[4] 的內容交換、a[5] 與 a[3] 的內容交換、a[6] 與 a[2] 的內容交換、a[7] 與 a[1] 的內容交換及 a[8] 與 a[0] 的內容交換。其實 for 迴圈執行後，a[0]~a[8] 的內容與未交換前完全相同。

(2) 程式第 8~9 列 for 迴圈，是輸出 a[0]、a[8]、a[1]、a[7]、a[2]、a[6]、a[3]、a[5]、a[4]、a[4]。所以，輸出結果為 1234567899。

9. 給定一個 1x8 的陣列 A，A={0, 2, 4, 6, 8, 10, 12, 14} (Python 寫法：A=[0, 2, 4, 6, 8, 10, 12, 14])。

下方函式 Search(x) 真正目的是找到 A 之中大於 x 的最小值。然而，這個函式有誤。請問下列哪個函式呼叫可測出有誤？（106 /3/4 第 1 題）

1 A=[0, 2, 4, 6, 8, 10, 12, 14]
2
3 def Search(x) :
4 　high=7
5 　low=0
6 　while high > low :
7 　　mid=(high + low) // 2
8 　　if A[mid] <= x :
9 　　　low=mid+1
10
11 　　else:
12 　　　high=mid
13
14
15 　return A[high]
16
 	
Python語言寫法
	1 int A[8]={0, 2, 4, 6, 8, 10, 12, 14};
	2
	3 int Search(int x) {
	4 　int high=7;
	5 　int low=0;
	6 　while (high > 尸low) {
	7 　　int mid=(high + low)/2;
	8 　　if (A[mid] <= x) {
	9 　　　low=mid+1;
	10 　　}
	11 　　else {
	12 　　　high=mid;
	13 　　}
	14 　}
	15 　return A[high];
	16 }
	
	C語言寫法

(A) Search(-1)

(B) Search(0)

(C) Search(10)

(D) Search(16)

解 答案：(D)

在 A 陣列中，沒有一個元素大於 16。因此，無法找到 A 陣列中大於 16 的最小值。但程式執行後，卻回傳 14(=A[7])，故 Search(16)可測出函式Search(x)有誤。

10. 下方程式片段主要功能為：輸入六個整數，檢測並印出最後一個數字

```
1   TRUE=1
2   FALSE=0
3   d=[0 for i in range(6)]
4     …
5   for i in range(1, 6, 1) :
6     d[i]= int(input())
7
8   val= int(input())
9   allBig=TRUE
10  for i in range(1, 6, 1) :
11    if d[i] > val :
12      allBig=TRUE
13
14    else :
15      allBig=FALSE
16
17
18  if allBig == TRUE :
19    print(val, " is the smallest.")
20
21  else :
22    print(val, "is not the smallest.")
23
```
Python語言寫法

```
1   #define TRUE 1
2   #define FALSE 0
3   int d[6], val, allBig;
4     …
5   for (int i=1 ; i<=5 ; i=i+1) {
6     scanf("%d", &d[i]);
7   }
8   scanf("%d", &val);
9   allBig=TRUE;
10  for (int i=1 ; i<=5 ; i=i+1) {
11    if (d[i] > val) {
12      allBig=TRUE;
13    }
14    else {
15      allBig=FALSE;
16    }
17  }
18  if (allBig == TRUE) {
19    printf("%d is the smallest.\n", val);
20  }
21  else {
22    printf("%d is not the smallest.\n", val);
23  }
```
C語言寫法

是否為六個數字中最小的值。然而，這個程式是錯誤的。請問以下哪一組測試資料可以測試出程式有誤？（105/3/5 第 17 題）

(A) 11 12 13 14 15 3

(B) 11 12 13 14 25 20

(C) 23 15 18 20 11 12

(D) 18 17 19 24 15 16

解 答案：(B)

(1) 程式第 10~17 列的迴圈重複 5 次，若前 4 個數小於第 6 個數 val，但第 5 個數大於第 6 個數 val，則會輸出 val 是最小值，這是邏輯設計不對所造成的錯誤結果。所以(B) 11 12 13 14 25 20 這一組，可以測試出程式有誤。

(2) 第 11~16 列應改成：

C寫法：

if (d[i] < val) {

　　allBig=FALSE;

　　break;

}

Python寫法：

if d[i] < val :

　　allBig=FALSE

　　break

11. 下方程式片段執行後，count 的值為何？（105/10/29 第 11 題）

(A) 36

(B) 20

(C) 12

(D) 3

```
1  maze=[[1,1,1,1,1],
2         [1,0,1,0,1],
3         [1,1,0,0,1],
4         [1,0,0,1,1],
5         [1,1,1,1,1] ]
6  count=0
7  for i in range(1, 4, 1) :
8    for j in range(1, 4, 1) :
9      dir[4][2]=[[-1,0], [0,1], [1,0], [0,-1]]
10     for d in range(0, 4, 1) :
11       if maze[i+dir[d][0]][j+dir[d][1]] == 1 :
12         count=count+1
13
14
15
16
```
Python語言寫法

```
1  int maze[5][5]={{1,1,1,1,1},
2                  {1,0,1,0,1},
3                  {1,1,0,0,1},
4                  {1,0,0,1,1},
5                  {1,1,1,1,1}};
6  int count=0;
7  for (int i=1; i<=3; i=i+1) {
8    for (int j=1; j<=3; j=j+1) {
9      int dir[4][2]={{-1,0}, {0,1}, {1,0}, {0,-1}};
10     for (int d=0; d<4; d=d+1) {
11       if (maze[i+dir[d][0]][j+dir[d][1]] == 1) {
12         count=count+1;
13       }
14     }
15   }
16 }
```
C語言寫法

解 答案：(B)

(1) 除了maze[1][1]、maze[1][3]、maze[2][2]、maze[2][3]、maze[3][1]及maze[3][2] 外，其他的 maze[i+dir[d][0]][j+dir[d][1]]=1。

(2) 當 i=1 且 j=1 時：

d 從 0 變化到 3，「[i+dir[d][0]][j+dir[d][1]]」分別對應「[0][1]」、「[1][2]」、「[2][1]」，以及「[1][0]」。有 4 個「maze[i+dir[d][0]][j+dir[d][1]]」滿足程式第 11 列的條件，故「count=count+1」被執行 4 次，count=0+1+1+1+1=4。

(3) 當 i=1 且 j=2 時：

d 從 0 變化到 3，「[i+dir[d][0]][j+dir[d][1]]」分別對應「[0][2]」、「[1][3]」、「[2][2]」，以及「[1][1]」。有 1 個「maze[i+dir[d][0]][j+dir[d][1]]」滿足程式第 11 列的條件，故「count=count+1」被執行 1 次，count=4+1=5。

(4) 當 i=1 且 j=3 時：

d 從 0 變化到 3，「[i+dir[d][0]][j+dir[d][1]]」分別對應「[0][3]」、「[1][4]」、「[2][3]」，以及「[1][2]」。有 3 個「maze[i+dir[d][0]][j+dir[d][1]]」滿足程式第 11 列的條件，故「count=count+1」被執行 3 次，count=5+3=8。

(5) 當 i=2 且 j=1 時：

d 從 0 變化到 3，「[i+dir[d][0]][j+dir[d][1]]」分別對應「[1][1]」、「[2][2]」、「[3][1]」，以及「[2][0]」。有 1 個「maze[i+dir[d][0]][j+dir[d][1]]」滿足程式第 11 列的條件，故「count=count+1」被執行 1 次，count=8+1=9。

(6) 當 i=2 且 j=2 時：

d 從 0 變化到 3，「[i+dir[d][0]][j+dir[d][1]]」分別對應「[1][2]」、「[2][3]」、「[3][2]」，以及「[2][1]」。有 2 個「maze[i+dir[d][0]][j+dir[d][1]]」滿足程式第 11 列的條件，故

「count=count+1」被執行 2 次，count=9+2=11。

(7) 當 i=2 且 j=3 時：

d 從 0 變化到 3，「[i+dir[d][0]][j+dir[d][1]]」分別對應「[1][3]」、「[2][4]」、「[3][3]」，以及「[2][2]」。有 2 個「maze[i+dir[d][0]][j+dir[d][1]]」滿足程式第 11 列的條件，故「count=count+1」被執行 2 次，count=11+2=13。

(8) 當 i=3 且 j=1 時：

d 從 0 變化到 3，「[i+dir[d][0]][j+dir[d][1]]」分別對應「[2][1]」、「[3][2]」、「[4][1]」，以及「[3][0]」。有 3 個「maze[i+dir[d][0]][j+dir[d][1]]」滿足程式第11列的條件，故「count=count+1」被執行3次，count=13+3=16。

(9) 當 i=3 且 j=2 時：

d 從 0 變化到 3，「[i+dir[d][0]][j+dir[d][1]]」分別對應「[2][2]」、「[3][3]」、「[4][2]」，以及「[3][1]」。有 2 個「maze[i+dir[d][0]][j+dir[d][1]]」滿足程式第 11 列的條件，故「count=count+1」被執行 2 次，count=16+2=18。

(10) 當 i=3 且 j=3 時：

d 從 0 變化到 3，「[i+dir[d][0]][j+dir[d][1]]」分別對應「[2][3]」、「[3][4]」、「[4][3]」，以及「[3][2]」。有 2 個「maze[i+dir[d][0]][j+dir[d][1]]」滿足程式第 11 列的條件，故「count=count+1」被執行 2 次，count=18+2=20。

12. 若 A 是一個可儲存 n 筆整數的陣列，且資料儲存於 A[0]~A[n-1]。經過下方程式碼運算後，以下何者敘述不一定正確？（106/3/4 第 5 題）

(A) p 是 A 陣列資料中的最大值

(B) q 是 A 陣列資料中的最小值

(C) q < p

(D) A[0] <= p

```
1  A=[0 for i in range(n)]          1  int A[n]={⋯};
2  p = q=A[0]                       2  int p = q = A[0];
3  for i in range(1, n, 1) :        3  for (int i=1; i<n; i=i+1) {
4     if A[i] > p :                 4     if (A[i] > p)
5       p=A[i]                      5         p=A[i];
6     if A[i] < q :                 6     if (A[i] < q)
7       q=A[i]                      7         q=A[i];
8                                   8  }
```

| **Python語言寫法** | **C語言寫法** |

解 答案：(C)

　　若 A 陣列中的元素都相等，則 q=p。

13. 給定一個 1x8 的陣列 A，A={0, 2, 4, 6, 8, 10, 12, 14} (Python 寫法：
A=[0, 2, 4, 6, 8, 10, 12, 14])。

下方函式 Search(x) 真正目的是找到 A 之中大於 x 的最小值。然而，
這個函式有誤。請問下列哪個函式呼叫可測出有誤？（106/3/4 第 1
題）

(A) Search(-1)

(B) Search(0)

(C) Search(10)

(D) Search(16)

1　A[8]=[0, 2, 4, 6, 8, 10, 12, 14]	1　int A[8]={0, 2, 4, 6, 8, 10, 12, 14};
2	2
3　def Search(x) :	3　int Search(int x) {
4　　high=7	4　　int high=7;
5　　low=0	5　　int low=0;
6　　while high > low :	6　　while (high > low) {
7　　　mid=(high + low) // 2	7　　　int mid=(high + low)/2;
8　　　if A[mid] <= x :	8　　　if (A[mid] <= x) {
9　　　　low=mid+1	9　　　　low=mid+1;
10	10　　　}
11　　else:	11　　　else {
12　　　high=mid	12　　　　high=mid;
13	13　　　}
14	14　　}
15　return A[high]	15　　return A[high];
16	16　}
Python語言寫法	**C語言寫法**

解 答案：(D)

在 A 陣列中，沒有一個元素大於 16，因此，無法找到 A 陣列中大於 16 的最小值。但程式執行後，卻回傳 14(=A[7])，故 Search(16) 可測出函式 Search(x) 有誤。

14. 若 A 是一個可儲存 n 筆整數的陣列，且資料儲存於 A[0]~A[n-1]。經過下方程式碼運算後，以下何者敘述不一定正確？（106/3/4 第 5 題）

(A) p 是 A 陣列資料中的最大值

(B) q 是 A 陣列資料中的最小值

(C) q < p

(D) A[0] <= p

```
1  A=[0 for i in range(n)]
2  p = q =A[0]
3  for i in range(1, n, 1) :
4    if A[i] > p :
5      p=A[i]
6    if A[i] < q :
7      q=A[i]
8
```
Python語言寫法

```
1  int A[n]={…};
2  int p = q = A[0];
3  for (int i=1; i<n; i=i+1) {
4    if (A[i] > p)
5      p=A[i];
6    if (A[i] < q)
7      q=A[i];
8  }
```
C語言寫法

解 答案：(C)

　　若 A 串列（或陣列）中的元素都相等，則 q=p。

15. 若函式 randint() 的回傳值為一介於 0 和 10000 之間的亂數，下列哪個
運算式可產生介於 100 和 1000 之間的任意數（包含100和1000）？
（106/3/4 第 12 題）

(A) rand() % 900 + 100

(B) rand() % 1000 + 1

(C) rand() % 899 + 101

(D) rand() % 901 + 100

Python 寫法：

(A) randint(100,999)

(B) randint(1,1000)

(C) randint(101,999)

(D) randint(100,1000)

解 答案：(D)

　　C 寫法：100 + rand() % (1000-100+1)=100 + rand() % 901

　　Python 寫法：randint(100,1000)，請參考「**7-5-2亂數產生函式
randint**」。

16. 下方程式片段執行過程的輸出為何？（105/10/29 第 15 題）

(A) 44

(B) 52

(C) 54

(D) 63

```
1  arr=[ 0 for i in range(10) ]
2
3  for i in range(0, 10, 1) :
4      a[i]=i
5
6  sum = 0
7  for i in range(1, 9, 1 ) :
8      sum = sum - arr[i-1] + arr[i] + arr[i+1]
9  print(sum)
```
Python語言寫法

```
1  int i, sum, arr[10];
2
3  for (int i=0 ;i<10; i=i+1)
4      arr[i] = i;
5
6  sum = 0;
7  for (int i=1; i<9; i=i+1)
8      sum = sum - arr[i-1] + arr[i] + arr[i+1];
9  printf("%d", sum) ;
```
C語言寫法

解 答案：(B)

(1) 程式第 3~4 列的迴圈執行後，a[0]=0，a[1]=1，…，a[9]=9。

(2) 程式第 7~8 列的迴圈執行

- i=1 時，sum=0-0+1+2=3
- i=2 時，sum=3-1+2+3=7
- i=3 時，sum=7-2+3+4=12
- i=4 時，sum=12-3+4+5=18
- i=5 時，sum=18-4+5+6=25
- i=6 時，sum=25-5+6+7=33

- i=7 時，sum=33-6+7+8=42
- i=8 時，sum=42-7+8+9=52

17. 下方程式擬找出陣列 A[ ] 中的最大值和最小值。不過，這段程式碼有誤，請問 A[ ] 初始值如何設定就可以測出程式有誤？（106/3/4 第 19 題）

(A) {90, 80, 100}

(B) {80, 90, 100}

(C) {100, 90, 80}

(D) {90, 100, 80}

Python 寫法：

(A) [90, 80, 100]

(B) [80, 90, 100]

(C) [100, 90, 80]

(D) [90, 100, 80]

```
1  M=-1
2  N=101
3  s=3
4  A= _____?_____
5
6  for i in range(0, s, 1) :
7     if A[i] > M :
8        M=A[i]
9     elif A[i] < N :
10       N=A[i]
11
12
13  print("M=", M, " N=", N)
14
15
                Python語言寫法
```

```
1  int main( ) {
2     int M=-1, N=101, s=3;
3     int A[ ]=_____?_____;
4
5     for (int i=0; i<s; i=i+1) {
6        if (A[i] > M) {
7           M=A[i];
8        }
9        else if (A[i] < N) {
10          N=A[i];
11       }
12    }
13    printf("M=%d, N=%d", M, N);
14    return 0;
15  }
                C語言寫法
```

解 答案：(B)

若 A 串列（或陣列）中的元素從小到大排列，則程式第 9 列的條件都不會被執行。因此，最小值為 101(=N)，這結果是錯的。

二、程式設計實作題

1. 問題描述（105/3/5 第 1 題成績指標）

一次考試中，於所有及格學生中獲取最低分數者最為幸運，反之，於所有不及格同學中，獲取最高分數者，可以說是最為不幸，而此二種分數，可以視為成績指標。

請你設計一支程式，讀入全班成績（人數不固定），請對所有分數進行排序，並分別找出不及格中最高分數，以及及格中最低分數。

當找不到最低及格分數，表示對於本次考試而言，這是一個不幸之班級，此時請你印出：「worst case」；反之，當找不到最高不及格分數時，請你印出「best case」。

註：假設及格分數為 60，每筆測資皆為 0~100 間整數，且筆數未定。

輸入格式

第一行輸入學生人數，第二行為各學生分數 (0~100間)，分數與分數之間以一個空白間格。每一筆測資的學生人數為1~20的整數。

輸出格式

每筆測資輸出三行。

第一行由小而大印出所有成績，兩數字之間以一個空白間格，最後一個數字後無空白；

第二行印出最高不及格分數，如果全數及格時，於此行印出best case；

第三行印出最低及格分數，當全數不及格時，於此行印出 worst case。

範例一：輸入

10

0 11 22 33 55 66 77 99 88 44

範例一：正確輸出

0 11 22 33 44 55 66 77 88 99

55

66

（說明）不及格分數最高為 55，及格分數最低為 66。

範例二：輸入

1

13

範例二：正確輸出

13

13

worst case

（說明）由於找不到最低及格分，因此第三行須印出「worst case」。

範例三：輸入

2

73 65

範例三：正確輸出

65 73

best case

65

（說明）由於找不到不及格分，因此第二行須印出「best case」。

評分說明

輸入包含若干筆測試資料，每一筆測試資料的執行時間限制(time limit)均為2秒，依正確通過測資筆數給分。

2. **問題描述**（105/3/5 第 3 題線段覆蓋長度）

給定一維座標上一些線段，求這些線段所覆蓋的長度，注意重疊部分只能算一次。例如給定四個線段：(5,6)、(1,2)、(4,8) 和 (7,9)，如下圖，線段覆蓋長度為 6。

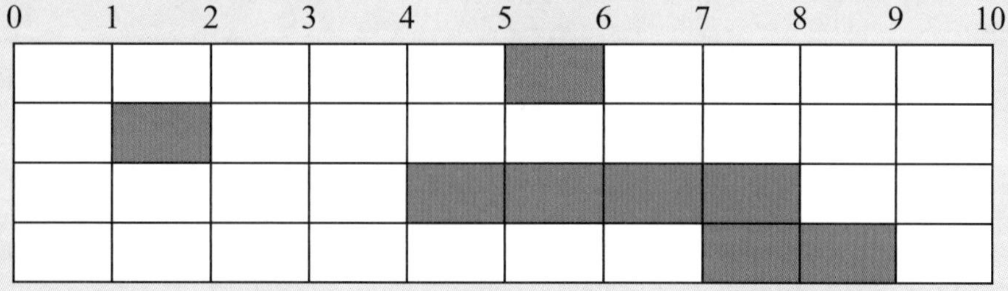

輸入格式：

第一列是一個正整數 N，表示此測試案例有 N 個線段。

接著的 N 列每一列是一個線段的開始端點座標和結束端點座標整數值，開始端點座標值小於等於結束端點座標值，兩者之間以一個空格區隔。

輸出格式：

輸出其總覆蓋的長度。

範例一：輸入

輸入	說明
5	此測試案例有 5 個線段
160 180	開始端點座標值與結束端點座標值

150 200	開始端點座標值與結束端點座標值
280 300	開始端點座標值與結束端點座標值
300 330	開始端點座標值與結束端點座標值
190 210	開始端點座標值與結束端點座標值

範例一：輸出

輸出	說明
110	測試案例的結果

範例二：輸入

輸入	說明
1	此測試案例有1線段
120 120	開始端點座標值與結束端點座標值

範例二：輸出

輸出	說明
0	測試案例的結果

評分說明

輸入包含若干筆測試資料，每一筆測試資料的執行時間限制 (time limit) 均為 2 秒，依正確通過測資筆數給分。每一個端點座標是一個介於 0~M 之間的整數，每一筆測試案例線段個數上限為 N。其中：

第一子題組共 30 分，M<1000，N<100，線段沒有重疊。

第二子題組共 40 分，M<1000，N<100，線段可能重疊。

第三子題組共 30 分，M<10000000，N<10000，線段可能重疊。

3. 問題描述（105/10/29 第 1 題三角形辨別）

三角形除了是最基本的多邊形外，亦可進一步細分為鈍角三角形、直角三角形及銳角三角形。若給定三個線段的長度，透過下列公式的運算，即可得知此三線段的長度能否構成三角形，亦可判斷是直角、銳角和鈍角三角形。

提示：若 a、b、c 為三個線段的邊長，且 c 為最大值，則

若 $a + b \leqq c$ 　　　　　　　，三線段無法構成三角形

若 $a \times a + b \times b < c \times c$ ，三線段構成鈍角三角形 (Obtuse triangle)

若 $a \times a + b \times b = c \times c$ ，三線段構成直角三角形 (Right triangle)

若 $a \times a + b \times b > c \times c$ ，三線段構成銳角三角形 (Acute triangle)

請設計程式以讀入三個線段的長度判斷並輸出此三線段可否構成三角形？若可，判斷並輸出其所屬三角形類型。

輸入格式

輸入僅一行包含三正整數，三正整數皆小於 30,001，兩數之間有一空白。

輸出格式

輸出共有兩行，第一行由小而大印出此三正整數，兩數字之間以一個空白間格，最後一個數字後不應有空白；第二行輸出三角形的類型：

若無法構成三角形時輸出「No」；

若構成鈍角三角形時輸出「Obtuse」；

若直角三角形時輸出「Right」；

若銳角三角形時輸出「Acute」。

範例一：輸入	範例二：輸入	範例三：輸入
3 4 5	101 100 99	10 100 10
範例一：正確輸出	範例二：正確輸出	範例三：正確輸出
3 4 5	99 100 101	10 10 100
Right	Acute	No
（說明）	（說明）	（說明）
$a \times a + b \times b = c \times c$ 成立時，為直角三角形。	邊長排序由小到大輸出，$a \times a + b \times b > c \times c$ 成立時，為銳角三角形。	由於無法構成三角形，因此第二行須印出「No」。

評分說明

輸入包含若干筆測試資料，每一筆測試資料的執行時間限制 (time limit)均為 1 秒，依正確通過測資筆數給分。

4. 問題描述（105/10/29 第2題最大和）

給定N群數字，每群都恰有 M 個正整數。若從每群數字中各選擇一個數字（假設第 i 群所選出數字為 t_i），將所選出的 N 個數字加總即可得總和 $S=t_1+t_2+\cdots+t_N$。請寫程式計算 S 的最大值（最大總和），並判斷各群所選出的數字是否可以整除 S。

輸入格式

第一行有二個正整數 N 和 M，$1 \leqq N \leqq 20$，$1 \leqq M \leqq 20$。
接下來的 N 行，每一行各有 M 個正整數 x_i，代表一群整數，數字與數字間有一個空格，且 $1 \leqq i \leqq M$，以及 $1 \leqq x_i \leqq 256$。

輸出格式

第一行輸出最大總和 S。
第二行按照被選擇數字所屬群的順序，輸出可以整除 S 的被選擇數字，數字與數字間以一個空格隔開，最後一個數字後無空白；若 N

個被選擇數字都不能整除 S，就輸出 -1。

範例一：輸入	範例二：輸入
3 2	4 3
1 5	6 3 2
6 4	2 7 9
1 1	4 7 1
	9 5 3

範例一：正確輸出	範例二：正確輸出
1 2	31
6 1	-1

（說明）	（說明）
挑選的數字依序是 5, 6, 1，總和 S=12。而此三數中可整除 S 的是 6 與 1，6 在第二群，1 在第 3 群，所以先輸出 6，再輸出 1。注意，1 雖然也出現在第一群，但她不是第一群中挑出的數字，所以順序是先 6 後 1。	挑選的數字依序是 6, 9, 7, 9，總和 S=31。而此四數中沒有可整除 S 的，所以第二行輸出 -1。

評分說明

輸入包含若干筆測試資料，每一筆測試資料的執行時間限制 (time limit)均為 1 秒，依正確通過測資筆數給分。其中：

第 1 子題組 20 分：$1 \leq N \leq 20$，M=1。

第 2 子題組 30 分：$1 \leq N \leq 20$，M=2。

第 3 子題組 50 分：$1 \leq N \leq 20$，$1 \leq M \leq 20$。

5. 問題描述（105/10/29 第 3 題定時 K 彈）

「定時K彈」是一個團康遊戲，N 個人圍成一個圈，由 1 號依序到 N 號，從 1 號開始依序傳遞一枚玩具炸彈，炸彈每次到第 M 個人就會爆炸，此人即淘汰，被淘汰的人要離開圓圈，然後炸彈再從該淘汰者的下一個開始傳遞。遊戲之所以稱 K 彈是因為這枚炸彈只會爆 K 次，在第 K 次爆炸後，遊戲即停止，而此時在第 K 個淘汰者的下一位遊戲者被稱為幸運者，通常就會被要求表演節目。例如 N=5，M=2，如果 K=2，炸彈會爆兩次，被爆炸淘汰的順序依序是 2 與 4（參見下圖），這時 5 號就是幸運者。如果 K=3，剛才的遊戲會繼續，第三個淘汰的是 1 號，所以幸運者是3號。如果 K=4，下一輪淘汰 5 號，所以 3 號是幸運者。

給定 N、M 與 K，請寫程式計算出誰是幸運者。

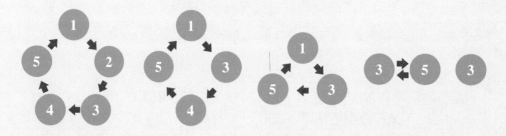

輸入格式

輸入只有一行包含三個正整數，依序為 N、M 與 K，兩數中間有一個空格分開。其中 1≤K<N。

輸出格式

請輸出幸運者的號碼，結尾有換行符號。

範例一：輸入	範例二：輸入
5 2 4	8 3 6

範例一：正確輸出	範例二：正確輸出
3	4

（說明）	（說明）
被淘汰的順序是 2、4、1、5，此時 5 的下一位是 3，也是最後剩下的，所以幸運者是 3。	被淘汰的順序是3、6、1、5、2、8，此時 8 的下一位是 4，所以幸運者是 4。

評分說明

輸入包含若干筆測試資料,每一筆測試資料的執行時間限制 (time limit) 均為 1 秒,依正確通過測資筆數給分。其中:

第 1 子題組 20 分,1≤N≤100,且 1≤M≤10,K=N-1。

第 2 子題組 30 分,1≤N≤10,000,且 1≤M≤1,000,000,K=N-1。

第 3 子題組 20 分,1≤N≤200,000,且 1≤M≤1,000,000,K=N-1。

第 4 子題組 30 分,1≤N≤200,000,且 1≤M≤1,000,000,1≤K<N。

6. 問題描述(105/10/29 第 4 題棒球遊戲)

謙謙最近迷上棒球,他想自己寫一個簡化的棒球遊戲計分程式。這個程式會讀入球隊中每位球員的打擊結果,然後計算出球隊的得分。

這是個簡化版的模擬,假設擊球員的打擊結果只有以下情況:

(1) 安打:以 1B、2B、3B 和 HR 分別代表一壘打、二壘打、三壘打和全(四)壘打。

(2) 出局:以 FO、GO 和 SO 表示。

這個簡化版的規則如下:

(1) 球場上有四個壘包,稱為本壘、一壘、二壘和三壘。

(2) 站在本壘握著球棒打球的稱為「擊球員」,站在另外三個壘包的稱為「跑壘員」。

(3) 當擊球員的打擊結果為「安打」時,場上球員(擊球員與跑壘員)可以移動;結果為「出局」時,跑壘員不動,擊球員離場,換下一位擊球員。

(4) 球隊總共有九位球員,依序排列。比賽開始由第 1 位開始打擊,當第 i 位球員打擊完畢後,由第 (i+1) 位球員擔任擊球員。當第九位球員完畢後,則輪回第一位球員。

(5) 當打出 K 壘打時，場上球員（擊球員和跑壘員）會前進 K 個壘包。從本壘前進一個壘包會移動到一壘，接著是二壘、三壘，最後回到本壘。

(6) 每位球員回到本壘時可得 1 分。

(7) 每達到三個出局數時，一、二和三壘就會清空（跑壘員都得離開），重新開始。

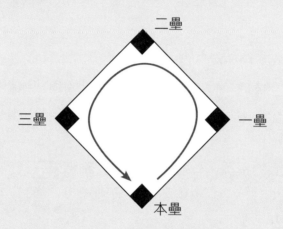

請寫出具備這樣功能的程式，計算球隊的總得分。

輸入格式

1. 每組測試資料固定有十行。

2. 第一到九行，依照球員順序，每一行代表一位球員的打擊資訊。每一行開始有一個正整數 a(1≤a≤5)，代表球員總共打了 a 次。接下來有 a 個字串（均為兩個字元），依序代表每次打擊的結果。資料之間均以一個空白字元隔開。球員的打擊資訊不會有錯誤，也不會缺漏。

3. 第十行有一個正整數 b(1≤b≤27)，表示我們想要計算當總出局數累計到 b 時，該球隊的得分。輸入的打擊資訊中，至少包含 b 個出局數。

輸出格式

計算在總計第 b 個出局數發生時的總得分，並將此得分輸出於一行。

範例一：輸入
```
5 1B 1B FO GO 1B
5 1B 2B FO FO SO
4 SO HR SO 1B
4 FO FO FO HR
4 1B 1B 1B 1B
4 GO GO 3B GO
4 1B GO GO SO
4 SO GO 2B 2B
4 3B GO GO FO
3
```
範例一：正確輸出
```
0
```

（說明）
1B：一壘有跑壘員。
1B：一、二壘有跑壘員。
SO：一、二壘有跑壘員，一出局。
FO：一、二壘有跑壘員，兩出局。
1B：一、二、三壘有跑壘員，兩出局。
GO：一、二、三壘有跑壘員，三出局。

達到第三個出局數時，一、二、三壘均有跑壘員，但無法得分。因為 b=3，代表三個出局就結束比賽，因此得到 0 分。

範例二：輸入
```
5 1B 1B FO GO 1B
5 1B 2B FO FO SO
4 SO HR SO 1B
4 FO FO FO HR
4 1B 1B 1B 1B
4 GO GO 3B GO
4 1B GO GO SO
4 SO GO 2B 2B
4 3B GO GO FO
6
```
範例二：正確輸出
```
5
```

（說明）接續範例一，達到第三個出局數時未得分，壘上清空。
1B：一壘有跑壘員。
SO：一壘有跑壘員，一出局。
3B：三壘有跑壘員，一出局，得一分。
1B：一壘有跑壘員，一出局，得兩分。
2B：二、三壘有跑壘員，一出局，得兩分。
HR：一出局，得五分。
FO：兩出局，得五分。
1B：一壘有跑壘員，兩出局，得五分。
GO：一壘有跑壘員，三出局，得五分。

因為 $b=6$，代表要計算的是累積六個出局時的得分，因此在前 3 個出局數時得 0 分，第 4~6 個出局數得到 5 分，因此總得分是 0+5=5 分。

評分說明

輸入包含若干筆測試資料，每一筆測試資料的執行時間限制 (time limit)均為 1 秒，依正確通過測資筆數給分。其中：

第 1 子題組 20 分，打擊表現只有 HR 和 SO 兩種。

第 2 子題組 20 分，安打表現只有 1B，而且 b 固定為 3。

第 3 子題組 20 分，b 固定為 3。

第 4 子題組 40 分，無特別限制。

7. 問題描述（106/3/4 第 3 題 數字龍捲風）

給定一個 N*N 的二維陣列，其中 N 是奇數，我們可以從正中間的位置開始，以順時針旋轉的方式走訪每個陣列元素恰好一次。對於給定的陣列內容與起始方向，請輸出走訪順序之內容。下面的例子顯示了 N=5 且第一步往左的走訪順序：

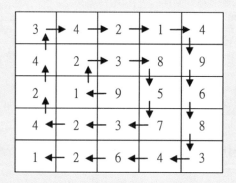

依此順序輸出陣列內容則可以得到「9123857324243421496834621」。

類似地，如果是第一步向上，則走訪順序如下：

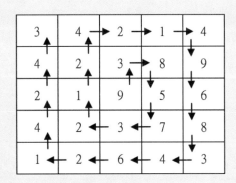

依此順序輸出陣列內容則可以得到「93857321242149683 46214243」。

輸入格式

輸入第一行是整數 N，N 為奇數且不小於 3。第二行是一個 0~3 的整數代表起始方向，其中 0 代表左、1 代表上、2 代表右、3 代表下。第三行開始 N 行是陣列內容，順序是由上而下、由左至右，陣列的內容為 0~9 的整數，同一行數字中間以一個空白間隔。

輸出格式

請輸出走訪順序的陣列內容，該答案會是一連串的數字，數字之間不**要輸出空白**，結尾有換行符號。

範例一：輸入	範例二：輸入
5	3
0	1
3 4 2 1 4	4 1 2
4 2 3 8 9	3 0 5
2 1 9 5 6	6 7 8
4 2 3 7 8	
1 2 6 4 3	範例二：正確輸出
012587634	0 1 2 5 8 7 6 3 4
範例一：正確輸出	
9123857324243421496834621	

評分說明

輸入包含若干筆測試資料，每一筆測試資料的執行時間限制(time limit)均為1秒，依正確通過測資筆數給分。其中：

第1子題組20分，$3 \leq N \leq 5$，且起始方向均為向左。

第2子題組80分，$3 \leq N \leq 49$，起始方向無限定。

提示：本題有多種處理方式，其中之一是觀察每次轉向與走的步數。例如起始方向是向左時，前幾步的走法是：左 1、上 1、右 2、下2、左 3、上 3、…… 一直到出界為止。

Chapter 8
自訂函式

重複的事務，在日常生活中是很常見的。例：每天打掃環境，以維持環境衛生；每天運動，以維持肌耐力等。這些重複執行的事務，在程式設計上可以將它們寫成函式，以方便隨時呼叫執行。在「第六章內建函式」中，介紹了 Python 語言常用的內建函式。若Python語言提供的內建函式，無法滿足使用者的需求時，則使用者就應建立符合問題所需的函式。使用者建立的函式，稱為自訂函式。為了方便起見，將自訂函式簡稱為函式。

8-1　函式定義

陳述函式功能的程式碼，稱為函式定義。函式定義的語法結構如下：

> **def　函式名稱([參數1, 參數2, …])：**
> **程式敘述**
> **[return 常數或變數或運算式或函式]**

[語法結構說明]

- 「[參數1, 參數2, …]」，表示其內部的敘述「參數1, 參數2, …」是選擇性的，需要與否視情況而定。若無參數，則「[ ]」中的敘述可省略。參數的作用是接收外界傳給函式的資料。
- [return 常數(或變數或運算式或函式)]，表示其內部的敘述「return 常數(或變數或運算式或函式)」是選擇性的，需要與否視情況而定。
  - ➤ 若呼叫函式後無回傳值，則「return 常數(或變數或運算式或函式)」敘述就可省略，否則在函式的定義中，一定要有「return」敘述。「return」敘述的作用，是結束函式執行，並將資料回傳到原先呼叫該函式的地方。
  - ➤ return的語法如下：

> **return 常數或變數或運算式或函式**

💗8-2 函式呼叫

　　定義函式後，接著才能呼叫函式，否則編譯時可能會出現**未宣告識別字名稱**的錯誤訊息（切記）：「**NameError: name '函式名稱' is not defined**」。所謂函式呼叫，就是以「函式名稱(引數資料)」或「函式名稱( )」的形式來表示。

　　依函式是否回傳資料，將函式呼叫的語法分成下列兩種類型：

1. 無回傳資料的函式呼叫語法如下：

> **函式名稱([引數1, 引數2,⋯])**

2. 有回傳資料的函式呼叫語法如下：

> **變數 = 函式名稱([引數1, 引數2,⋯])**
> 或
> 將「**函式名稱([引數1, 引數2,⋯])**」放在其他敘述中

[註]

- 無論以哪種方式進行函式呼叫，呼叫時所傳入之引數的順序、個數及資料型態，都必須與對應的函式參數之順序、個數及資料型態相同，否則編譯時可能會出現與引數有關的錯誤訊息（切記）：
「TypeError: 函式名稱() missing x required positional argument: '引數名稱1'，'引數名稱2'，⋯，'引數名稱x'」(呼叫函式名稱時，少了x個引數，'引數名稱1'，'引數名稱2'，⋯，'引數名稱x')
或

「TypeError: 函式名稱() takes x positional argument but y were given」(呼叫函式名稱時，需給x個引數，但卻給了y個引數)

或

「TypeError: 'str' object cannot be interpreted as an integer」(呼叫函式名稱時，引數的型態應為str，但卻給了integer型態)

　　「範例1」的程式碼，是建立在「D:\Python程式範例\ch08」資料夾中的「範例1.py」。以此類推，「範例7」的程式碼，是建立在「D:\Python程式範例\ch07」資料夾中的「範例7. py」。

範例 1	寫一程式，自訂一個無回傳值的計算總和函式totalsum，輸出下列3個問題的結果。 (1) 1 + 3 + ... + 99 (2) 2 + 4 + ... + 10 (3) 3 + 6 + ... + 60。
1	#定義totalsum函式: 計算等差數列的總和
2	def totalsum(first, end, diff) : # first:首項 end:末項 diff:公差
3	total=0
4	for i in range(first, end+1, diff) :
5	total = total + i
6	print(first , "+" , first+diff , "+…+" , end , "=" , total)
7	
8	totalsum(1, 99, 2) # totalsum函式呼叫，並傳入引數1,99及2
9	totalsum(2, 10, 2) # totalsum函式呼叫，並傳入引數2,10及2
10	totalsum(3, 60, 3) # totalsum函式呼叫，並傳入引數3,60及3
執行 結果	1+3+...+99=2500 2+4+...+10=30 3+6+...+60=630

[程式說明]

　　第2~6列是定義無回傳值的「totalsum()」函式，故內部沒能有「return」敘述。

範例 2	寫一程式，自訂一個有回傳值的計算總和函式totalsum，輸出下列3個問題的結果。 (1) 1 + 3 + ... + 99 (2) 2 + 4 + ... + 10 (3) 3 + 6 + ... + 60

1
2
3
4
5
6
7
8
9
10
	#定義totalsum函式: 計算等差數列的總和
	def totalsum(first, end, diff) : # first:首項 end:末項 diff:公差
	   total=0
	   for i in range(first, end+1, diff) :
	      total = total + i
	   return total
	
	print(1 , "+" , 3 , "+···+" , 99 , "=" , totalsum(1, 99, 2))
	print(2 , "+" , 4 , "+···+" , 10 , "=" , totalsum(2, 10, 2))
	print(3 , "+" , 6 , "+···+" , 60 , "=" , totalsum(3, 60, 3))

執行 結果	1+3+...+99=2500 2+4+...+10=30 3+6+...+60=630

[程式說明]

第2~6列是定義有回傳值的「totalsum()」函式，故內部需有「return」敘述。

由「範例1」及「範例2」可以看出，一個函式無論是用有回傳值的方式定義或無回傳值的方式定義，都能完成同樣的工作。雖然如此，兩者之間在用法上還是有所差異，可參考下列準則決定使用何種方式定義函式：

• 函式呼叫後，在函式中所得到的結果，若要做後續處理，則函式以有回傳值的方式來定義最合適。

• 函式呼叫後，在函式中所得到的結果，若不做後續處理，則函式以無回傳值的方式來定義最合適。

✐ **練習 1**

　　寫一程式，自訂一個有回傳值的溫度轉換函式transform，輸入攝氏溫度，輸出華氏溫度。[提示] 華氏溫度= (攝氏溫度)(9/5) + 32。

範例 3	寫一程式，輸入一個正整數，輸出以質因數連乘的方式來表示此正整數。 （例：$12 = 2 \times 2 \times 3$）
1	import math
2	#定義maxprimenumber函式:取得正整數n的最大質因數
3	def maxprimenumber(n) :
4	# 正整數n的最大質因數介於n到2之間
5	for i in range(n, 1, -1) :
6	if isprime(i) : # 判斷i是否為質數
7	if n % i == 0: # i為n的最大質因數
8	break
9	return i
10	
11	# isprime函式定義:判斷正整數p是否為質數
12	def isprime(p) :
13	prime=1 # 紀錄是否為質數, 1:表示質數 0:表示非質數
14	for i in range(2, int(math.sqrt(p))+1, 1) :
15	# 不需判斷大於2的偶數j是否整除i
16	# 因為i(>2)若為偶數，則會被2整除，便知p不是質數
17	if not (i > 2 and i % 2 == 0) :
18	if p % i == 0: # p不是質數
19	prime = 0
20	break
21	return prime
22	
23	num=input("輸入一個正整數(>1):")
24	num=int(num)
25	
26	# 正整數num的最大質因數介於num到2之間
27	maxprime = maxprimenumber(num)

28	maxprime=int(maxprime)
29	print(num , "=", end="")
30	
31	first=1　# 第1次輸出質因數　第2次以後先輸出*,再輸出質因數
32	
33	p=2
34	while p<maxprime+1 :
35	if isprime(p) : # p為質數時
36	if num % p == 0 :
37	if first == 1 :
38	first=0
39	else :
40	print("*" , end="")
41	
42	num //= p
43	print(p, end="")
44	p -= 1
45	p += 1
執行結果	輸入一個正整數:120 120=2*2*2*3*5

[程式說明]

- 若一個整數 p(>1) 的因數只有 p 和 1，則此整數稱為質數。
- 程式第 12~21 列，是根據古希臘數學家 Sieve of Eratosthenes（埃拉托斯特尼）的質數判別法，所定義出來的 isprime 函式：
  「判斷介於 2 ~ math.sqrt(p) 之間的整數 i 是否整除 p？」，若有一個整數 i整除 p，則 n 不是質數，否則 p 為質數。

範例 4	寫一程式，輸入 5 個正整數，輸出這5個正整數的最大公因數 (gcd) 及最小公倍數 (lcm)。

```python
1   import math
2   # 定義maxprimenumber函式: 取得正整數n的最大質因數
3   def maxprimenumber(n) :
4       # 正整數n的最大質因數介於n到2之間
5       for i in range(n, 1, -1) :
6           if isprime(i) : # 判斷i是否為質數
7               if n % i == 0 : # i為n的最大質因數
8                   break
9       return i
10
11  # isprime函式定義:判斷正整數p是否為質數
12  def isprime(p):
13      prime=1 # 紀錄是否為質數, 1:表示質數 0:表示非質數
14      for i in range(2, int(math.sqrt(p)), 1):
15          # 不需判斷大於2的偶數j是否整除i
16          # 因為i(>2)若為偶數，則會被2整除，便知p不是質數
17          if not (i > 2 and i % 2 == 0):
18              if p % i == 0: # p不是質數
19                  prime = 0
20                  break
21      return prime
22
23  num=[0 for i in range(5)]
24  backup_num=[0 for i in range(5)]
25
26  num=input("輸入5個正整數(以空白間隔):").split()
27
28  for i in range(0, 5,  1) :
29      num[i]=int(num[i])
30
31      backup_num[i]=num[i]
32      if i == 0 :
33          maxnum=num[0]
```

```
34      elif maxnum < num[i] :
35          maxnum=num[i]
36
37  # 最大整數maxnum的最大質因數介於maxnum到2之間
38  maxprime = maxprimenumber(maxnum)
39
40  # 以短除法求gcd及lcm
41  #count被質因數p整除的整數之個數
42  gcd=1
43  lcm=1
44  # 只要有1個數被p整除，下一次要除的質因數仍然是p
45  check=0
46  p = 2
47  while  p<=maxprime :
48      if isprime(p) :
49          count = 0
50          for i in range(0, 5, 1) :
51              if num[i] % p == 0 :
52                  num[i] //= p
53                  count += 1
54
55          if count == 5 :  # 每一個數都被p整除，才是公因數
56              gcd *= p
57
58          # 只要有1個數被p整除，下一次要除的質因數仍然是p
59          if count >= 1 :
60              lcm *= p
61              p -= 1
62      p += 1
63
64  print("gcd(", end="")
65  for i in range(0, 5, 1) :
66      print(backup_num[i], end="")
67      if i<=3 :
68          print(",", end="")
69
```

70	
71	print(")=" , gcd, end="")
72	
73	for i in range(0, 5, 1) :
74	lcm *= num[i]
75	
76	print(", lcm(", end="")
77	for i in range(0, 5, 1) :
78	print(backup_num[i],end="")
79	if i<=3 :
80	print(",", end="")
81	print(")=", lcm, end="")
執行 結果	輸入5個正整數(以空白間隔):2 4 6 8 10 gcd(2,4,6,8,10)=2 , lcm(2,4,6,8,10)=120

❤ 8-3　參數為串列的函式

　　函式定義中的參數，是外界傳遞資訊給函式的管道。當外界要傳遞大量的資料給函式時，函式中的參數應避免用一般變數，而應考慮使用串列變數，以縮短函式定義的撰寫，同時免去多個不同參數名稱的命名困擾。

　　想知道串列中每一維度的元素個數，可用「len」函式來取得。若串列每一維度的元素個數不同時，若要讀取串列每一維度的元素，則結合迴圈結構與串列的「len」函式來處理是最適合且簡潔的方式。取得串列不同維度的元素個數之語法如下：

- 取得一維串列的行數，即一維串列中的元素個數之語法如下：

  len(一維串列名稱)

- 取得二維串列的列數，即二維串列中第 1 維的元素個數之語法如下：

  len(二維串列名稱)

- 取得二維串列第 i 列的行數，即二維串列中第 2 維的元素個數之語法如下：

len(二維串列名稱[i])

- 取得三維串列的層數,即三維串列中第 1 維的元素個數之語法如下:

  len(三維串列名稱)

- 取得三維串列第 i 層的列數,即三維串列中第 2 維的元素個數之語法如下:

  len(三維串列名稱[i])

- 取得三維串列第 i 層第 j 列的行數,即三維串列中第 3 維的元素個數之語法如下:

  len(三維串列名稱[i][j])

範例 5	寫一程式,自訂一個無回傳值的排序法函式bubblesort,將年齡資料 18、5、37、2及49,從大到小輸出。
1	def bubblesort(data): # 定義bubblesort函式
2	#sortok 排序完成與否
3	for i in range(1, len(data), 1) : # 執行4(=5-1)個步驟
4	sortok=1 # 先假設排序完成
5	for j in range(0, len(data)-i, 1) : # 第i步驟,執行(len(data)-i)次比較
6	if data[j] < data[j+1]: # 左邊的資料 < 右邊的資料
7	# 互換data[j]與data[j+1]的內容
8	temp=data[j]
9	data[j]=data[j+1]
10	data[j+1]=temp
11	sortok=0 # 有交換時,表示尚未完成排序
12	if sortok == 1 : # 排序完成,跳出排序作業
13	break
14	
15	agedata=[18, 5, 37, 2, 49]
16	print("排序前的年齡資料:")
17	for i in range(0, len(agedata), 1) :
18	print(" ", agedata[i], end="")
19	print()
20	bubblesort(agedata) #呼叫bubblesort函式
21	

22	print("排序後的年齡資料:")
23	for i in range(0, len(agedata), 1) :
24	print(" ", agedata[i], end="")
執行	排序前的年齡資料: 18 5 37 2 49
結果	排序後的年齡資料: 49 37 18 5 2

[程式說明]

在第 20 列「bubblesort(agedata)」敘述中,所傳入的引數「agedata」為一維串列,當「agedata」傳給第 1 列「def bubblesort(data):」敘述中的參數「data」後,參數「data」為一維串列。參數「data」與引數「agedata」,兩者都會指向「agedata」所指向的記憶體位址。若「data」所指向的記憶體位址內之資料,在「bubblesort( )」函式中被變更,則「agedata」所指向的記憶體位址內之資料也就跟著改變。

練習2

寫一程式,自訂一個無回傳值的左、上、右、下翻轉函式 turnover,將

```
1 2 3        9 6 3
4 5 6 變成 8 5 2 輸出。
7 8 9        7 4 1
```

[提示]

- 使用二維串列儲存

```
1 2 3
4 5 6
7 8 9
```

- 以反對角線 (3 5 7) 為中心做翻轉,反對角線上的位置 (i, j),i+j=2。即,位置 (i, j) 與 (2-j, 2-i)上的資料互換。

範例 6	寫一程式，自訂一個有回傳值的存提款函式depositwithdraw，輸入存提款餘額後，重複進行存提款作業，直到輸入0才結束。每次存提款作業後，輸出存款餘額。

1
2
3
4
5
6
7
8
9
10
11
12
13
14
15
16
	def depositwithdraw(money) : # 定義存提款函式depositwithdraw
	　　global saving
	　　saving = saving + money
	　　return saving
	
	#saving 存款餘額
	saving=int(input("輸入存款餘額:"))
	count=0
	while (1) :
	　　money=input("輸入存提款金額(存款>0,提款<0,結束:0):")
	　　money=int(money)
	　　if money == 0 :
	　　　　break
	　　count += 1
	　　saving=depositwithdraw(money)
	　　print("第", count, "次存提款作業後, 存款餘額=", saving)

執行 結果	輸入存款簿餘額:1000 輸入存提款金額(存款>0,提款<0,結束:0):200 第 1次存提款作業後, 存款餘額=1200 輸入存提款金額(存款>0,提款<0,結束:0):300 第 2次存提款作業後, 存款餘額=1500 輸入存提款金額(存款>0,提款<0,結束:0):0

[程式說明]

- 程式第 2 列「global saving」的作用，是宣告「depositwithdraw」函式中的「saving」，就是「depositwithdraw」函式外面的程式第 7 列之全域變數「saving」。（請參考「2-3 變數宣告」）

- 程式第 9 列的「while (1)」與「while (1 != 0)」的意思相同。

8-4 益智遊戲範例

範例 7	寫一程式，設計井字(OX)遊戲。
1	# 定義display函式:輸出#圖
2	def display(pos):
3	for i in range(0, 5, 1) :
4	for j in range(0, 5, 1) :
5	print(pos[i][j], end="")
6	print( )
7	
8	##號圖形的資料內容皆為全形字
9	pos=[[" ","｜"," ","｜"," "], ["一","十","一","十","一"],
10	[" ","｜"," ","｜"," "], ["一","十","一","十","一"],
11	[" ","｜"," ","｜"," "]]
12	
13	pic=["〇","Ｘ"] # 〇Ｘ為全形字
14	num=1 # 輸入次數
15	over=False # 判斷遊戲是否結束: False:否 , True:結束
16	
17	print("OX遊戲:第1個人以O為記號，第2個人以X為記號")
18	
19	# 輸出5*5的#號圖形
20	display(pos)
21	
22	who=0 # 第一個人
23	while (1):
24	print("第", who+1, "個人填選的", end="")
25	print("位置row,col(以空白間格 row=0,2或4 col=0,2,或4):", end="")
26	row, col=input().split() # 輸入座標row,col
27	row=int(row)
28	col=int(col)
29	# 輸入錯誤的(row, col)位置
30	if row % 2 != 0 or col % 2 != 0 :
31	print("無(", row, ",", col, ")位置,重新輸入!", end="")

```
32          continue
33      elif row < 0 or row > 4 or col < 0 or col > 4 :
34          print("無(", row, ",", col , ")位置,重新輸入!", end="")
35          continue
36
37      if pos[row][col] != "　" :　# "　"為全形字空白
38          print("位置(", row, ",", col, ")已經有O或X了,重新輸入!", end="")
39          continue
40      pos[row][col]=pic[who]
41
42      print()
43      #輸出5*5的#號圖形
44      display(pos)
45
46      #判斷row列的O,X 資料是否都相同
47      if pos[row][0] == pos[row][2] and pos[row][2] == pos[row][4] :
48          print( "第", who+1, " 個人贏了", who+1  , end="" )
49          over=True
50          break
51      if over == True :
52          break
53
54      # 判斷col行的O,X 資料是否都相同
55      if pos[0][col] == pos[2][col] and pos[2][col] == pos[4][col] :
56          print( "第", who+1 , "個人贏了" , end="" )
57          over=True
58          break
59      if over == True :
60          break
61
62      #判斷左對角線的O,X 資料是否相同
63      if row == col :
64          if pos[0][0] == pos[2][2] and pos[2][2] == pos[4][4] :
65              print("第", who+1, "個人贏了", end="")
66              over=1
67              break
```

68	if over == 1 :
69	break
70	
71	#判斷右對角線的O,X 資料是否相同
72	if row + col == 4 :
73	if pos[0][4] == pos[2][2] and pos[2][2] == pos[4][0] :
74	print("第", who+1 , "個人贏了", end="")
75	over=True
76	break
77	if over == True :
78	break
79	
80	num += 1
81	
82	#判斷是否已輸入9次
83	if num == 10 :
84	print("平手", end="")
85	over=True
86	break
87	
88	who += 1 # 換下一個人
89	who=who % 2 # 只有兩個人在玩，循環換人

執行結果

(1)

OX遊戲:第1個人以O為記號，第2個人以X為記號

第 1 個人填選的位置row,col(以空白間格 row=0,2或4 col=0,2,或4):2 2

(2)

第 2 個人填選的位置row,col(以空白間格 row=0,2或4 col=0,2,或4):0 0

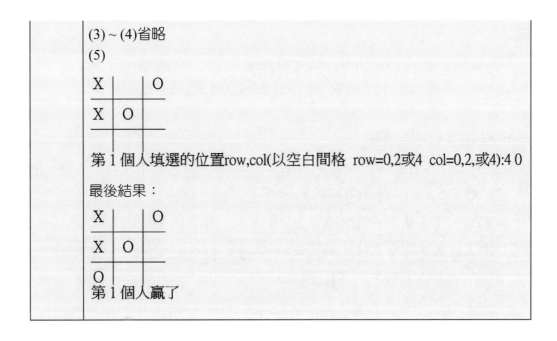

每次所選擇的位置 (row, col)，若符合下列四種狀況之一，則 OX 遊戲結束。

- 位置 (row, col) 所在的列，O 或 X 連成一線。
- 位置 (row, col) 所在的行，O 或 X 連成一線。
- 若位置 (row, col) 在左對角線上，且 O 或 X 連成一線。
- 若位置 (row, col) 在右對角線上，且 O 或 X 連成一線。

大學程式設計先修檢測 (APCS) 試題解析

一、程式設計觀念題

1. 下方 F( ) 函式執行時,若輸入依序為整數 0, 1, 2, 3, 4, 5, 6, 7, 8, 9,請問 X[ ] 串列的元素值依順序為何?(106/3/4 第 9 題)

(A) 0, 1, 2, 3, 4, 5, 6, 7, 8, 9

(B) 2, 0, 2, 0, 2, 0, 2, 0, 2, 0

(C) 9, 0, 1, 2, 3, 4, 5, 6, 7, 8

(D) 8, 9, 0, 1, 2, 3, 4, 5, 6, 7

```
1  def F( ) :
2      X = [0 for i in range(10)]
3      for i in range(0, 10, 1) :
4          X[(i+2) % 10]=int(input())
5
6
```
Python語言寫法

```
1  void F( ) {
2      int X[10] = {0};
3      for (int i=0; i<10; i=i+1){
4          scanf("%d", &X[(i+2) % 10]);
5      }
6  }
```
C語言寫法

解 答案:(D)

(1) 當 i=0 時,「X[(i+2)%10]」=「X[2]」,表示輸入的 0 會存入 X[2]。

(2) 當 i=1 時,「X[(i+2)%10]」=「X[3]」,表示輸入的 1 會存入 X[3]。

(3) …

(4) 當 i=7 時,「X[(i+2)%10]」=「X[9]」,表示輸入的 7 會存入 X[9]。

(5) 當 i=8 時,「X[(i+2)%10]」=「X[0]」,表示輸入的 8 會存入 X[0]。

  (6) 當 i=9 時，「X[(i+2)%10]」=「X[1]」，表示輸入的 9 會存入
   X[1]

  所以，X[ ] 串列的元素值依順序為 8, 9, 0, 1, 2, 3, 4, 5, 6, 7。

2. 右側 f( ) 函式執行後所回傳的值為何？（105/3/5 第 22 題）

 (A) 1023

 (B) 1024

 (C) 2047

 (D) 2048

<table>
<tr><td>

```
1  def f( ) :
2     p = 2
3     while p < 2000 :
4        p = 2 * p
5
6     return p
7
```

Python語言寫法
</td><td>

```
1  int f( ) {
2     int p = 2;
3     while (p < 2000) {
4        p = 2 * p;
5     }
6     return p;
7  }
```

C語言寫法
</td></tr>
</table>

解 答案：(D)

  p 的值，由 2 變化到 2048 時，就離開 while 迴圈，最後輸出 p
  值。

3. 給定下方函式 F( )，F( ) 執行完所回傳的 x 值為何？（106/3/4 第 17
題）

<table>
<tr><td>

```
1  def F(n) :
2     x = 0
3     for i in range(1, n+1, 1) :
4        k=1
5        while (k<=n) :
6           x = x + 1
7           k = k + 2
8     return x
```

Python語言寫法
</td><td>

```
1  int F(n) {
2     int x = 0;
3     for (int i=1; i<=n; i=i+1)
4        for (int j=i; j<=n; j=j+1)
5           for (int k=1; k<=n; k=k*2)
6              x = x + 1;
7     return x;
8  }
```

C語言寫法
</td></tr>
</table>

(A) n(n+1) $\sqrt{[\log_2 n]}$

(B) $n^2(n+1)/2$

(C) n(n+1) $\lfloor \log_2 n + 1 \rfloor /2$

(D) n(n+1)/2

解 答案：(C)

(1) 當程式第 3 列 for 迴圈的迴圈變數 i=1 時，第 4 列 for 迴圈會執行 n 次；當程式第 3 列 for 迴圈的迴圈變數 i=2 時，第 4 列 for 迴圈會執行 (n-1) 次；…以此類推；當程式第 3 列 for 迴圈的迴圈變數 i=n 時，第 4 列 for 迴圈會執行 1 次。因此，第 3 列 for 迴圈執行 n 次，第 4 列 for 迴圈執行

n+(n-1)+…+1 = n(n+1)/2 次。

(2) 就 Python 程式第 6~8 列的 while 迴圈來說，若變數 k 從 1 變化到 2^k (即，1、2、4、…及 2^k，共有 (k+1) 個數)，則迴圈會執行 $\log_2 2^K$ + 1(=k+1)次。現在變數 k 從 1 變化到 $\log_2 n$ (即，1、2、4、…及 $\log_2 n$，共有 ($\log_2 n$ +1)個數)，故迴圈會執行 ($\log_2 n$ + 1)次。

由(1)及(2)的說明可知，Python 程式第 6~8 列的 while 迴圈共執行 n(n+1)$\lfloor \log_2 n + 1 \rfloor$/2次，最後x值為$\lfloor n(n+1) \log_2 n + 1 \rfloor$/2。

4. 給定下方程式，其中 s 有被宣告為全域變數，請問程式執行後輸出為何？〔106/3/4 第 8 題〕

(A) 1,6,7,7,8,8,9

(B) 1,6,7,7,8,1,9

(C) 1,6,7,8,9,9,9

(D) 1,6,7,7,8,9,9

```
1  s = 1 # 全域變數              1  int s = 1; // 全域變數
2  def add(a) :                  2  void add(int a)  {
3    s = 6                       3    int s = 6;
4    for i in range(a,-1,-1) :   4    for( ; a>=0; a=a-1) {
5     print(s, ",", end="")      5      printf("%d,", s);
6     s+=1                       6      s++;
7     print(s , ",", end="")     7      printf("%d,", s);
8                                8    }
9                                9  }
10                               10  int main( ) {
11  print( s , ",", end="")      11    printf("%d,", s);
12  add(s)                       12    add(s);
13  print( s , ",", end="")      13    printf("%d,", s);
14  s = 9                        14    s = 9;
15  print( s , ",", end="")      15    printf("%d", s);
16                               16    return 0;
17                               17  }
      Python語言寫法                      C語言寫法
```

解 答案：(B)

(1) 宣告在函式外面的變數 s 為全域變數，它可以在整個程式中被存取。但程式第 2~9 列中的變數s，則為區域變數，只能在函數「add( )」中被存取，離開「add( )」後，區域變數s就被釋放不能再被存取。

(2) 在程式第 11~15 列中的 s 為全域變數，故程式第 11 列輸出的結果為「1,」。

(3) 執行程式第 12 列呼叫「add( )」函式時，將全域變數 s=1 傳給參數 a 後，輸出「6,7,7,8」，回到主函式，並執行的第 13~15 列，輸出的結果為「1,9」。

由(1)、(2)及(3)的說明，可知程式執行後輸出的結果為「1,6,7,7,8,1,9」。

5. 下方程式執行後輸出為何？（105/10/29 第 20 題）

(A) 0

(B) 10

(C) 25

(D) 50

Python語言寫法	C語言寫法
| ```
 1  def G(B) :
 2    B = B * B
 3    rcturn B
 4
 5
 6
 7  A=0
 8  m=5
 9  A = G(m)
10  if m < 10:
11      A = G(m) + A
12  else :
13      A = G(m)
14
15  print( A )
16
17
``` | ```
 1  int G(int B) {
 2     B = B * B;
 3     return B;
 4  }
 5
 6  int main( ) {
 7     int A=0, m=5;
 8
 9     A = G(m);
10     if (m < 10)
11        A = G(m) + A;
12     else
13        A = G(m);
14
15  printf("%d\n", A);
16  return 0;
17 }
``` |

解 答案：(D)

　　(1) 程式執行到第 9 列時，會呼叫 G(5) 並回傳 25 給 A，所以 A=25。

　　(2) 執行到第 10 列時，條件「m < 10」為真，因此，再呼叫 G(5) 並回傳 25。故最後 A=25+25=50。

6. 若以 f(22) 呼叫下方 f( ) 函式，總共會印出多少數字？（105/3/5 第 15 題）

(A) 16

(B) 22

(C) 11

(D) 15

```
1  def f(n) :
2    print(n)
3    while n != 1 :
4      if (n%2) == 1 :
5        n = 3*n + 1
6
7      else :
8        n = n // 2
9
10     print(n)
11
12
```
Python語言寫法

```
1  void f(int n) {
2    printf("%d\n", n);
3    while (n != 1) {
4      if ((n%2) == 1) {
5        n = 3*n + 1;
6      }
7      else {
8        n = n / 2;
9      }
10     printf("%d\n", n);
11   }
12 }
```
C語言寫法

解 答案：(A)

輸出的數字，分別為 22、11、34、17、52、26、13、40、20、10、5、16、8、4、2 及 1，共 16 個數字。

7. 下方 F( ) 函式執行後，輸出為何？（105/10/29 第 1 題）

(A) 1 2

(B) 1 3

(C) 3 2

(D) 3 3

1 def F( ) :
2   item=['2', '8', '3', '1', '9']
3   count = 5
4   for a in range(0, count-1, 1) :
5   c = a;
6   t = item[a]
7   for b in range(a+1, count, 1) :
8   if item[b] < t :
9   c = b
10   t – item[b]
11
12   if (a == 2) and (b == 3) :
13   print(t , " " , c)
14
15
16
17
 	
Python語言寫法
	1 void F( ) {
	2 char t, item[ ] = {'2', '8', '3', '1', '9'};
	3 int a, b, c, count = 5;
	4 for (a=0; a<count-1; a=a+1) {
	5 c = a;
	6 t = item[a];
	7 for (b=a+1; b<count; b=b+1) {
	8 if (item[b] < t) {
	9 c = b;
	10 t = item[b];
	11 }
	12 if ((a == 2) && (b == 3)) {
	13 printf("%c %d \n", t, c);
	14 }
	15 }
	16 }
	17 }
	
	C語言寫法

解 答案：(B)

(1) 滿足程式第 12 列的條件「(a==2) and (b==3)」，才會輸出資料。因此，只要檢驗程式第 4 列的迴圈變數 a=2 時的狀況即可。

(2) 當 a=2 時，則 c=a=2，t= item[a]=3，b=a+1=3，item[b]=1 < t，c=b=3，t= item[b]=1。故輸出「1 3」。

8. 右側 f( ) 函式 (a), (b), (c) 處需分別填入哪些數字，方能使得 f(4) 輸出 2468 的結果？（105/3/5 第 23 題）

(A) 1, 2, 1

(B) 0, 1, 2

(C) 0, 2, 1

(D) 1, 1, 1

```
1  def f(n) :
2      p = 0
3      i = n
4      while i >=  (a)  :
5          p = 10 –  (b)  * i
6          print(p)
7          i = i -  (c)
8
9
            Python語言寫法
```

```
1  int f(int n) {
2      int p = 0;
3      int i = n;
4      while (i >=  (a)  ) {
5          p = 10 –  (b)  * i;
6          printf("%d", p);
7          i = i -  (c)  ;
8      }
9          }
            C語言寫法
```

解 答案：(A)

(1) 若選 (A)，a=1, b=2, c=1，則 f(4) 輸出的結果為 2468。

(2) 若選 (B)，a=0, b=1, c=2，則 f(4) 輸出的結果為 6810。

(3) 若選 (C)，a=0, b=2, c=1，則 f(4) 輸出的結果為 246810。

(4) 若選 (D)，a=1, b=1, c=1，則 f(4) 輸出的結果為 6789。

9. 給定一串列 a[10]={ 1, 3, 9, 2, 5, 8, 4, 9, 6, 7 }，i.e., a[0]=1, a[1]=3, …, a[8]=6, a[9]=7，以 f(a, 10) 呼叫執行下方函式後，回傳值為何？

（105/3/5 第2題）

(A) 1

(B) 2

(C) 7

(D) 9

```
1 def f(a, n) :
2   index = 0
3   for i in range(1,n,1) :
4     if a[i] >= a[index] :
5       index = i
6
7
8   return index
9
        Python語言寫法
```

```
1 int f(int a[], int n) {
2   int index = 0;
3   for (int i=1 ; i<=n-1 ; i=i+1) {
4     if (a[i] >= a[index]) {
5       index = i;
6     }
7   }
8   return index;
9 }
        C語言寫法
```

解 答案：(C)

(1) f(a, 10) 被呼叫時，會將串列 a 的 10 個元素 a[0]~a[9] 傳給函

數 f。

(2) 程式第 3~5 列的目的，是將 a[0]~a[9] 中最大值的索引值指定給index變數，若最大值有兩個(含)以上，則回傳最後一個最大值的索引值。

(3) 9是 a[0]~a[9] 中的最大值，但在串列 a 中有兩個 9，第一個的索引值是 3，第二個是 7。因此，回傳值為 7。

10. 給定下方函式 F( )，執行 F( ) 時哪一行程式碼可能永遠不會被執行到？（106/3/4 第 15 題）

(A) a = a + 5；

(B) a = a + 2；

(C) a = 5；

(D) 每一行都執行得到

1　def F(a) : 2　　while a < 10 : 3　　　a = a + 5 4　　if a < 12 : 5　　　a = a + 2 6　　if a <= 11 : 7　　　a = 5 8 **Python語言寫法**	1　void F(int a) { 2　　while (a < 10) 3　　　a = a + 5; 4　　if (a < 12) 5　　　a = a + 2; 6　　if (a <= 11) 7　　　a = 5; 8　} **C語言寫法**

解 答案：(C)

無論是否進入程式第 2~3 列的 while 迴圈，執行到程式第 4 列時，a >= 10。

- 若a=10 或 11，則會執行程式第 5 列，且執行後 a=12 或 13，故「a = 5」不會被執行。

- 若a>=12，則「a = a + 2」及「a = 5」都不會被執行。

11. 給定一整數串列 a[0]、a[1]、…、a[99] 且 a[k]=3k+1，以 value=100 呼叫以下兩函式，假設函式 f1 及 f2 之 while 迴圈主體分別執行 n1 與 n2 次（i.e., 計算 if 敘述執行次數，不包含 else if 敘述），請問 n1 與 n2 之值為何？註：(low + high)/2 只取整數部分。（105/3/5 第 3 題）

(A) n1=33, n2=4

(B) n1=33, n2=5

(C) n1=34, n2=4

(D) n1=34, n2=5

```
1   def f1(a, value) :
2       r_value = -1
3       i = 0
4       while i < 100 :
5           if a[i] == value :
6               r_value = i
7               break
8
9           i = i + 1
10
11      return r_value
12
```
Python語言寫法

```
1   int f1(int a[ ], int value) {
2       int r_value = -1;
3       int i = 0;
4       while (i < 100) {
5           if (a[i] == value) {
6               r_value = i;
7               break;
8           }
9           i = i + 1;
10      }
11      return r_value;
12  }
```
C語言寫法

```
1   def f2(a,value) :
2       r_value = -1
3       low = 0, high = 99
4
5       while low <= high :
6           mid = (low + high) // 2
7           if a[mid] == value :
8               r_value = mid
9               break
```

```
1   int f2(int a[ ], int value) {
2       int r_value = -1;
3       int low = 0, high = 99;
4       int mid;
5       while (low <= high) {
6           mid = (low + high) / 2;
7           if (a[mid] == value) {
8               r_value = mid;
9               break;
```

	Python語言寫法		C語言寫法
10		10	`}`
11	`elif a[mid] < value :`	11	`else if (a[mid] < value) {`
12	`low = mid + 1`	12	`low = mid + 1;`
13		13	`}`
14	`else :`	14	`else {`
15	`high = mid - 1`	15	`high = mid - 1;`
16		16	`}`
17		17	`}`
18	`return r_value`	18	`return r_value;`
19		19	`}`

解 答案：(D)

(1) f1 及 f2 函式的目的，都是搜尋 value(=100) 在串列元素 a[0]~a[99] 中的索引值。f1 是線性搜尋法，而 f2 是二分搜尋法。

(2) a[33]=3*33+1=100，當呼叫 f1 時，程式第 5~17 列的 while 迴圈主體，在 i=33 時，就找到 value(=100)，並跳出迴圈。因此，while 迴圈主體共執行 34(=33+1) 次，1 是代表 i=0 時，第一次執行 while 迴圈主體。

(3) a[33]=3*33+1=100，當呼叫 f2 時，程式第 4~10 列的 while 迴圈主體的執行過程如下：

i	low	high	mid= (low+high)/2	a[mid]
0	0	99	49	3*49+1=148 148>100，表示 100 在 a[49] 的左邊
1	0	49-1=48	24	3*24+1=73 73<100，表示 100 在 a[24] 的右邊

2	24+1=25	48	36	3*36+1=109 109>100，表示 100 在 a[36] 的左邊
3	25	36-1=35	30	3*30+1=91 91<100，表示 100 在 a[30] 的右邊
4	30+1=31	35	33	3*33+1=100 表示找到 100 了

因此，在while 迴圈內的敘述第 5 次執行時，就找到 100 了。

[註]「mid=(low+high)/2」的 Python 寫法為「mid=(low+high) // 2」。

12. 給定下方函式 F( )，已知 F(7) 回傳值為 17，且 F(8) 回傳值為 25，請問 if 的條件判斷式應為何？（106/3/4 第 16 題）

(A) a % 2 != 1

(B) a * 2 > 16

(C) a + 3 < 12

(D) a * a < 50

```
1  def F(a) :
2    if _____?_____ :
3      return a * 2 + 3
4    else:
5      return a * 3 + 1
6
            Python語言寫法
```

```
1  int F(int a) {
2    if ( _____?_____ )
3      return a * 2 + 3;
4    else
5      return a * 3 + 1;
6  }
            C語言寫法
```

解 答案：(D)

(1) 若 if 的條件判斷式為「a % 2 != 1」，則 F(7) 回傳值為 22。

(2) 若 if 的條件判斷式為「a * 2 > 16」，則 F(7) 回傳值為 22。

(3) 若 if 的條件判斷式為「a + 3 < 12」，則 F(7) 回傳值為 17，

　　　　F(8) 回傳值為 19。

　　　　(4) 若 if 的條件判斷式為「a * a < 50」，則 F(7) 回傳值為 17，
　　　　　　F(8) 回傳值為 25。

13. 小藍寫了一段複雜的程式碼想考考你是否了解函式的執行流程。請回
答最後輸出的數值為何？（106/3/4 第 20 題）

(A) 70

(B) 80

(C) 100

(D) 190

Python語言寫法	C語言寫法
| ```
1  g1 = 30
2  g2 = 20
3  def f1(v) :
4     int g1 = 10
5     return g1+v
6
7
8  def f2(v) :
9     c = g2
10    v = v+c+g1
11    g1 = 10
13    c = 40
14    return v
15
16
17
18  g2 = 0
19  g2 = f1(g2)
20  print( f2(f2(g2)))
21
22
``` | ```
1  int g1 = 30, g2 = 20;
2
3  int f1(int v) {
4     int g1 = 10;
5     return g1+v;
6  }
7
8  int f2(int v) {
9     int c = g2;
10    v = v+c+g1;
11    g1 = 10;
13    c = 40;
14    return v;
15  }
16
17  int main( ) {
18    g2 = 0;
19    g2 = f1(g2);
20    printf("%d", f2(f2(g2)));
21    return 0;
22  }
``` |

解 答案：(A)

(1) 程式第 1 列宣告的 g1 及 g2 為全域變數，而程式第 4 列宣告的 g1 為區域變數。

(2) 執行程式第 19 列時，呼叫 f1(0)，並回傳 10，所以 g2=10。

(3) 執行程式第 20 列時，先呼叫 f2(10)，並回傳 30；再呼叫 f2(30)，並回傳 70。

Chapter 9
遞迴函式

在程式設計的範疇中,用有限的語句來描述處理過程相似且不斷演進的問題,對初學者來說是相當困難的。這類型的問題很常見,有老鼠走迷宮遊戲、踩地雷遊戲、五子棋遊戲等。以老鼠走迷宮遊戲為例,從入口開始,老鼠不斷在前、後、左、右四個方向尋找出口,過程相似且不斷演進,直到走出迷宮。

處理這類型的問題,若直接應用迴圈(或疊代)結構做法,則程式碼不但冗長,而且占用的儲存空間較多;反之,應用間接式的遞迴概念做法,程式碼卻簡化許多,同時占用的儲存空間也較少。

♥9-1 遞迴

在函式定義中,若有出現該函式名稱,則會形成函式自己呼叫自己的現象。這種現象,稱之為「遞迴」(Recursive),而該函式,則稱之為「遞迴函式」。

遞迴的概念是將原始問題分解成模式相同且較簡化的子問題,直到每一個子問題不用再分解就能得到結果,才停止分解。最後一個子問題的結果或這些子問題組合後的結果,就是原始問題的結果。什麼樣的問題,可以使用遞迴概念來處理呢?若問題具備後者的資料是利用前者們的資料所得來的現象,或問題能切割成模式相同的較小問題,則可用遞迴概念來處理。至於較簡易的遞迴問題,直接使用一般的迴圈結構處理即可。

在程式設計時,若有定義遞迴函式,則每次呼叫遞迴函式都會讓問題的複雜度就降低一些或範圍就縮小一些。由於遞迴函式會不斷地呼叫遞迴函式本身,為了防止程式無窮盡的遞迴下去,因此必須設定條件,來終止遞迴現象。

當函式呼叫函式本身時,在「呼叫的函式」中所使用的變數,會被堆放在記憶體堆疊區,直到「被呼叫的函式」結束,在「呼叫的函式」中所使用的變數就會從堆疊中依照後進先出的方式被取回,接著執行「呼叫的函式」中待執行的敘述。這個過程,與擺在櫃子中的盤子,後放的盤子先被取出來使用的概念一樣。

遞迴函式定義的語法結構如下：

---

def 函式名稱([參數1, 參數2, …]) :

　　if (終止呼叫函式的條件) :

　　　　# 一般程式敘述 …

　　　　return　問題在最簡化時的結果

　　else :

　　　　# 一般程式敘述 …

　　　　return　包含函式名稱([參數串列])的運算式

[語法結構說明]

相關說明，可參照「8-1函式定義」的「語法結構說明」。

　　　　「範例1」的程式碼，是建立在「D:\Python程式範例\ch09」資料夾中的「範例1.py」。以此類推，「範例14」的程式碼，是建立在「D:\Python程式範例\ch09」資料夾中的「範例14.py」。

範例 1	寫一程式，運用遞迴概念，自訂一個無回傳值的最大公因數函式gcd。輸入兩個正整數，輸出兩個正整數的最大公因數。
1	def gcd(m, n) : # 定義gcd函式
2	if m % n == 0 :
3	print(n, end="")
4	else :
5	gcd(n, m%n)
6	
7	m, n=input("輸入兩個正整數，兩個正整數之間以一個空白間格:").split()
8	m=int(m)
9	n=int(n)
10	print("(", m, ",", n, ")=", end="")
11	gcd(m, n) # 呼叫gcd函式

執行 結果	輸入兩個正整數，兩個正整數之間以一個空白間格: 84 38 gcd(84, 38)=2

[程式說明]

- 利用輾轉相除法，求 gcd(m, n) 與 gcd(n, m % n) 的結果是一樣。因此，可運用遞迴概念來撰寫，將問題切割成較小問題來解決。

- 以 gcd(84, 38) 為例。呼叫 gcd(84, 38)時，為了得出結果，需計算 gcd(38, 84 % 38)的值。而為了得出 gcd(38, 8) 的結果，需計算 gcd(8, 38 % 8) 的值。以此類推，直到 6 % 2 == 0 時，印出 2，並結束遞迴呼叫 gcd 函式。

- 實際運作過程如「圖9-1」所示：（往下的箭頭代表呼叫遞迴函式，而最後的數字代表結果）

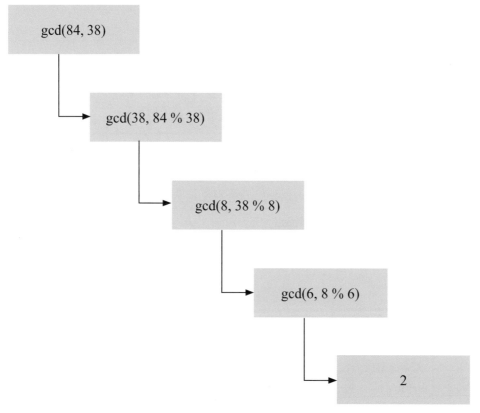

圖 9-1　遞迴求解 84 與 38 的最大公因數之示意圖

範例 2	寫一程式，運用遞迴概念，自訂一個無回傳值的字串顛倒輸出函式 reverse。輸入一字串，然後將該字串顛倒輸出。

1
2
3
4
5
6
7
8
9
10
	``python
	def reverse(tstr, length) : # 字串顛倒輸出函式定義
	    if length > 0 :
	        print(tstr[length-1], end="")
	        length -= 1
	        reverse(tstr, length)
	
	tstr=input("輸入一字串:")
	print("字串", tstr, "顛倒輸出變成", end="")
	length=len(tstr)
	reverse(tstr, length)
	``

執行 結果	輸入一字串:4*2=8 字串4*2=8顛倒輸出變成8=2*4

[程式說明]

　　從字串的最後一個字元往第一個字元一個一個輸出，直到輸出第一個字元後才停止輸出。

範例 3	河內塔遊戲 (Tower of Hanoi)：設有 3 根木釘，編號分別為 1、2 及 3。木釘 1 有 n 個不同半徑的中空圓盤，由大而小疊放在一起，如「圖 9-2」所示。 寫一程式，運用遞迴概念，自訂一個無回傳值的木釘搬運過程函式 hanoi，輸入一正整數 n，將木釘 1 上的 n 個圓盤搬到木釘 3 上的過程輸出。 搬運的規則如下： • 一次只能搬動一個圓盤。 • 半徑小的圓盤要放在半徑大的圓盤上面。

1	# 將n個圓盤，
2	# 從source木釘 經由 temp過渡木釘 搬到 target目的木釘上
3	def hanoi(n, source, target, temp) : # 定義hanoi函式
4	global no
5	if n <= 1 :
6	no +=1
7	print("第", no, "次搬運:圓盤", n, end="")
8	print("從 木釘", source, " 搬到 木釘", target)
9	else :
10	hanoi(n - 1, source, temp, target)
11	no += 1
12	print("第", no, "次搬運:圓盤", n, end="")
13	print("從 木釘", source, " 搬到 木釘", target)
14	hanoi(n - 1, temp, target, source)
15	
16	no = 0 # 記錄搬運編號
17	n=int(input("輸入河內塔遊戲(Tower of Hanoi)的圓盤個數:"))
18	# 將n個圓盤，
19	# 從 木釘1 搬到 木釘2 經由 木釘2(是暫放圓盤的木釘)
20	hanoi(n, 1, 3, 2) # 呼叫hanoi函式
執行 結果	輸入河內塔遊戲(Tower of Hanoi)的圓盤個數:4 第 1 次搬運:圓盤 1 從 木釘 1 搬到 木釘 2 第 2 次搬運:圓盤 2 從 木釘 1 搬到 木釘 3 第 3 次搬運:圓盤 1 從 木釘 2 搬到 木釘 3 第 4 次搬運:圓盤 3 從 木釘 1 搬到 木釘 2 第 5 次搬運:圓盤 1 從 木釘 3 搬到 木釘 1 第 6 次搬運:圓盤 2 從 木釘 3 搬到 木釘 2 第 7 次搬運:圓盤 1 從 木釘 1 搬到 木釘 2 第 8 次搬運:圓盤 4 從 木釘 1 搬到 木釘 3 第 9 次搬運:圓盤 1 從 木釘 2 搬到 木釘 3 第 10 次搬運:圓盤 2 從 木釘 2 搬到 木釘 1 第 11 次搬運:圓盤 1 從 木釘 3 搬到 木釘 1 第 12 次搬運:圓盤 3 從 木釘 2 搬到 木釘 3 第 13 次搬運:圓盤 1 從 木釘 1 搬到 木釘 2 第 14 次搬運:圓盤 2 從 木釘 1 搬到 木釘 3 第 15 次搬運:圓盤 1 從 木釘 2 搬到 木釘 3

[程式說明]

- 將木釘 1 的 n 個圓盤搬到木釘 3 的過程如下：
  ➢ 先將木釘 1 上面的 (n-1) 個圓盤搬到木釘 2。
  ➢ 再將最大圓盤 n 搬到木釘3上。
  ➢ 最後將木釘 2 上面的 (n-1) 個圓盤搬到木釘 3。

  由此過程可知，原先是處理 n 個圓盤問題，但過程中先處理 (n-1) 個圓盤問題，使問題複雜度降低，使人較容易了解是怎麼搬運的，這與遞迴概念完全相符合。

- 程式第 10 列「hanoi(n - 1, source, temp, target)」敘述，表示搬運 source 來源木釘上面的 (n - 1) 個圓盤，經由 target 目的木釘，搬到 temp 過渡木釘上。

- 程式第 12 列「print("第", no, "次搬運:圓盤", n, end="")」及第 13 列「print(" 從 木釘", source, " 搬到 木釘", target) 」敘述，表示直接將 source 來源木釘上的最大圓盤 n，搬到 target 目的木釘上。

- 程式第 14 列「hanoi(n - 1, temp, target, source) 敘述，表示搬運 temp 過渡木釘上面的 (n - 1) 個圓盤，經由 source 來源木釘，搬到 target 目的木釘上。

木釘 1   木釘 2   木釘 3

圖 9-2 河內塔遊戲 (Tower of Hanoi) 示意圖

範例 4	寫一個程式，運用遞迴概念，自訂一個有回傳值的組合函式 combination，輸入兩個整數 m(>0)及n(>=0)，輸出組合 C(m, n) 之值。 [提示]C(m, n)的計算公式如下： 若 n = 0，則 C(m, n)=1 若 n = 1，則 C(m, n)=m 若 m < n，則 C(m, n)=0 若 m = n，則 C(m, n)=1 若 m > n，則 C(m, n)=C(m-1, n) + C(m-1, n-1)
1 2 3 4 5 6 7 8 9 10 11 12 13 14 15 16	```python\ndef combination(m, n) : # 定義combination組合函式\n if n == 0 :\n return 1\n elif n == 1 :\n return m\n elif m < n :\n return 0\n elif m == n :\n return 1\n else :\n return combination(m-1, n) + combination(m-1, n-1)\n\nm, n=input("輸入整數m(>0)與n(>=0)，m與n之間以一個空白間格:").split()\nm=int(m)\nn=int(n)\nprint("C(", m, ",", n, ")=", combination(m, n), sep="", end="")\n```
執行 結果	輸入整數m(>0)與n(>=0)，m與n之間以一個空白間格:5 2 C(5, 2)=10

練習 I

寫一個程式，運用遞迴概念，自訂一個有回傳值的費氏數列函式 f，輸出 f(20) 之值。

[提示] 費氏數列 f(n) 的計算公式如下：

- 若 n = 0，則 f(0)=0。
- 若 n = 1，則 f(1)=1。
- 若 n >= 2，則 f(n)=f(n-1) + f(n-2)。

範例 5	寫一個程式，運用遞迴概念，自訂一個無回傳值的排列函式 p。輸入一個整數 n，然後再輸入 n 個 1~9 的數字，最後輸出這 n 個數字的所有排列方式。

```
1   # 輸出data[0] ~ data[num-1] 的(num!)種排列方式
2   def p(data, index, num) :
3     if index < num : # 若資料的索引在0~(n-1)之間
4       # 分別將data[index]與data[i]的位置交換
5       for i in range(index, num, 1) :
6         # 每次輸出排列資料前:
7         # 先將data[index]與 data[i]的位置交換
8         temp=data[index]
9         data[index]=data[i]
10        data[i]=temp
11
12        p(data, index+1, num) # 排列 data[index+1] ~ data[num]
13
14        # 每次輸出排列資料後:
15        # 將data[index]與data[i]的位置交換，回到原先位置
16        temp=data[index]
17        data[index]=data[i]
18        data[i]=temp
19    else :
20      # 輸出排列好的資料
21      for i in range(0, num, 1) :
22        print(data[i], end="")
23        if i < num - 1 :
24          print( ",", end="")
25      print()
26
27  n=int(input("輸入整數n:"))
28  data=[0 for i in range(n)]
29  for i in range(0, n, 1) :
30    print("輸入第", i+1, "個數字(1~9):", end="")
31    data[i]=input()
32    data[i]=int(data[i])
```

33	
34	# 輸出data[0] ~ data[n-1]的(n!)種排列方式
35	p(data, 0, n)　# 0:代表索引0開始，n:代表data陣列的元素個數
執行 結果	輸入整數n:3 輸入第1個數字(1~9):1 輸入第2個數字(1~9):2 輸入第3個數字(1~9):3 1 2 3 1 3 2 2 1 3 2 3 1 3 2 1 3 1 2

[程式說明]

數字 1, 2, 3 的排列過程：

(1) 將 1 與 1 的位置交換，data 串列的元素內容變成 1, 2, 3。

(2) 將 2 與 2 的位置交換，data 串列的元素內容變成 1, 2, 3。

(3) 將 3 與 3 的位置交換，data 串列的元素內容變成 1, 2, 3。

(4) 輸出 1, 2, 3。

(5) 將 3 與 3 的位置交換，data 串列的元素內容恢復成 1, 2, 3。

(6) 將 2 與 2 的位置交換，data 串列的元素內容恢復成 1, 2, 3。

(7) 將 2 與 3 的位置交換，data 串列的元素內容變成 1, 3, 2。

(8) 輸出 1, 3, 2。

(9) 將 2 與 2 的位置交換，data 串列的元素內容恢復成 1, 3, 2。

(10) 將 2 與 3 的位置交換，data 串列的元素內容恢復成 1, 2, 3。

(11) 將 1 與 2 的位置交換，data 串列的元素內容變成 2, 1, 3。

(12) 將 1 與 1 的位置交換，data 串列的元素內容變成 2, 1, 3。

(13) 將 3 與 3 的位置交換，data 串列的元素內容變成 2, 1, 3。

(14) 輸出 2, 1, 3。

(15) 將 3 與 3 的位置交換，data 串列的元素內容恢復成 2, 1, 3。

(16) 將 1 與 1 的位置交換，data 串列的元素內容恢復成 2, 1, 3。

(17) 將 1 與 3 的位置交換，data 串列的元素內容變成 2, 3, 1。

(18) 將 1 與 1 的位置交換，data 串列的元素內容變成 2, 3, 1。

(19) 輸出 2, 3, 1。

(20) 將 1 與 1 的位置交換，data 串列的元素內容恢復成 2, 3, 1。

(21) 將 1 與 3 的位置交換，data 串列的元素內容恢復成 2, 1, 3。

(22) 將 2 與 1 的位置交換，data 串列的元素內容恢復成 1, 2, 3。

(23) 將 1 與 3 的位置交換，data 串列的元素內容變成 3, 2, 1。

(24) 將 2 與 2 的位置交換，data 串列的元素內容變成 3, 2, 1。

(25) 將 1 與 1 的位置交換，data 串列的元素內容變成 3, 2, 1。

(26) 輸出 3, 2, 1。

(27) 將 1 與 1 的位置交換，data 串列的元素內容恢復成 3, 2, 1。

(28) 將 2 與 2 的位置交換，data 串列的元素內容恢復成 3, 2, 1。

(29) 將 2 與 1 的位置交換，data 串列的元素內容變成 3, 1, 2。

(30) 將 2 與 2 的位置交換，data 串列的元素內容變成 3, 1, 2。

(31) 輸出 3, 1, 2。

(32) 將 2 與 2 的位置交換，data 串列的元素內容恢復成 3, 1, 2。

(33) 將 1 與 2 的位置交換，data 串列的元素內容恢復成 3, 2, 1。

(34) 將 1 與 3 的位置交換，data 串列的元素內容恢復成 1, 2, 3。

範例 6	寫一程式，輸入一個整數 digit，使用遞迴概念的二分搜尋法，判斷 digit 是否在 2、5、18、37 及 49 五個資料中。

```
1    # 定義二分搜尋法函式binarysearch
2    def binarysearch(data, left, right) :
3      if left <= right :
4        center=(left + right) // 2  # center : 目前資料的中間位置
5        # 搜尋資料 = 中間位置的資料,表示找到欲搜尋的資料
6        if digit == data[center] :
7          print(digit , "位於資料中的第" , center+1 , "個位置")
8        else :
9          if digit > data[center] :  # 搜尋資料 > 中間位置的資料
```

10	# 表示下一次搜尋區域在右半邊
11	# 重設:最左邊資料的位置(left)=中間資料的位置(center) + 1
12	left= center + 1
13	else : # 搜尋資料 < 中間位置的資料
14	# 表示下一次搜尋區域在左半邊
15	# 重設:最右邊資料位置(right) =中間資料的位置(center) - 1
16	right= center - 1
17	binarysearch(data, left, right)
18	else :
19	print(digit , "不在資料中", end="")
20	
21	data= [2, 5, 18, 37, 49]
22	digit=int(input("輸入一整數(digit):"))
23	
24	# 左邊資料的索引值0,右邊資料的索引值4
25	binarysearch(data, 0, 4)
執行 結果	輸入一個整數(digit):37 37位於資料中的第4個位置

範例 7	**問題描述（106/3/4 第 2 題小群體）** Q 同學正在練習程式，P 老師出了以下的題目讓他練習。 一群人在一起時經常會形成一個一個的小群體。假設有 N 個人，編號由 0 到 N-1，每個人都寫下他最好朋友的編號（最好朋友有可能是他自己的編號，如果他自己沒其他好友），在本題中，每個人的好友編號絕對不會重複，也就是說 0 到 N-1 每個數字都恰好出現一次。 這種好友的關係會形成一些小群體。例如 N=10，好友編號如下， |	0	1	2	3	4	5	6	7	8	9 | |----|---|---|---|---|---|---|---|---|---|---| | 好友編號 | 4 | 7 | 2 | 9 | 6 | 0 | 8 | 1 | 5 | 3 | 0 的好友是 4，4 的好友是 6，6 的好友是 8，8 的好友是 5，5 的好友是 0，所以 0、4、6、8、和 5 就形成了一個小群體。另外，1 的好友是 7，而且 7 的好友是 1，所以 1 和 7 形成另一個小群體，同理 3 和 9 是一個小群體，而 2 的好友是自己，因此他自己是一個小群體。總而言之，在這個例子裡有 4 個小群體：{0,4,6,8,5}、{1,7}、{3,9}、{2}。本題的問題是：輸入每個人的好友編號，計算出總共有幾個小群體。

Q 同學想了想卻不知如何下手，和藹可親的P老師於是給了他以下的提示：如果你從任何一人x開始，追蹤他的好友，好友的好友，……，這樣一直下去，一定會形成一個圈回到x，這就是一個小群體。如果我們追蹤的過程中把追蹤過的加以標記，很容易知道哪些人已經追蹤過，因此，當一個小群體找到之後，我們再從任何一個還未追蹤過的開始繼續找下一個小群體，直到所有人都追蹤完畢。

Q同學聽完之後很順利的完成了作業。

在本題中，你的任務與Q同學一樣：給定一群人的好友，請計算出小群體個數。

輸入格式
第一行是一個正整數N，說明團體中人數。
第二行依序是0的好友編號、1的好友編號、……、N-1的好友編號。共有N個數字，包含0到N-1的每個數字恰好出現一次，數字間會有一個空白隔開。

輸出格式
請輸出小群體的個數。不要有任何多餘的字或空白，並以換行字元結尾。

範例一：輸入	範例二：輸入
10	3
4 7 2 9 6 0 8 1 5 3	0 2 1

範例一：正確輸出	範例二：正確輸出
4	2

（說明）	（說明）
4 個小群體是 {0,4,6,8,5},{1,7}, {3,9} 和 {2}。	2 個小群體分別是 {0},{1,2}。

評分說明
輸入包含若干筆測試資料，每一筆測試資料的執行時間限制 (time limit) 均為 1 秒，依正確通過測資筆數給分。其中：
第 1 子題組 20 分，$1 \leq N \leq 100$，每一個小群體不超過2人。
第 2 子題組 30 分，$1 \leq N \leq 1,000$，無其他限制。
第 3 子題組 50 分，$1,001 \leq N \leq 50,000$，無其他限制。

1	# 尋找編號i的好友
2	def searchfriend(myfriend, n, i) :
3	bestfriend=myfriend[i] # 編號i的好友
4	myfriend[i]=-1 # 設定編號i已被追蹤過
5	if myfriend[bestfriend] != -1 : # 編號bestfriend的好友尚未被追蹤過
6	#print(",", bestfriend, end="") # 輸出編號i的好友編號bestfriend
7	searchfriend(myfriend, n, bestfriend) # 尋找編號bestfriend的好友
8	
9	#n 團體中的人數
10	n=int(input())
11	
12	myfriend=[0 for i in range(n)] # 記錄每一個人的好友編號
13	myfriend=input().split() # 輸入編號0~(i-1)的好友編號
14	for i in range(0, n, 1) :
15	myfriend[i]=int(myfriend[i])
16	
17	group=0 # 小群體的數目
18	for i in range(0, n, 1) : # 編號為0~(n-1)的人
19	if myfriend[i] != -1 : # 編號i的好友尚未被追蹤過
20	#print("{", i, sep="", end="")
21	searchfriend(myfriend, n, i) # 尋找編號i的好友
22	#print("}")
23	group +=1
24	
25	print(group, end="")
執行結果	10 4 7 2 9 6 0 8 1 5 3 4

[程式說明]

若拿掉程式第6、19及21列的「#」，則可列出各小群體的好友編號。

範例 8	問題描述（106/10/28第2題交錯字串） 一個字串如果全由大寫英文字母組成，我們稱為大寫字串；如果全由小寫字母組成，則稱為小寫字串。字串的長度是它所包含字母的個數，在本題中，字串均由大小寫英文字母組成。假設 k 是一個自然數，一個字串被稱為「k-交錯字串 ，如果它是由長度為 k 的大寫字串與長度為k的小寫字串交錯串接組成。 舉例來說，「StRiNg」是一個 1- 交錯字串，因為它是一個大寫、一個小寫交替出現；而「heLLow」是一個 2- 交錯字串，因為它是兩個小寫接兩個大寫再接兩個小寫。但不管 k 是多少，「aBBaaa」、「BaBaBB」、「aaaAAbbCCCC」都不是 k- 交錯字串。 本題的目標是對於給定 k 值，在一個輸入字串找出最長一段連續子字串滿足 k- 交錯字串的要求。例如 k=2 且輸入「aBBaaa」，最長的 k- 交錯字串是「BBaa」，長度為 4。又如k=1且輸入「BaBaBB」，最長的 k- 交錯字串是「BaBaB」，長度為 5。 請注意，滿足條件的子字串可能只包含一段小寫或大寫字母而無交替，如範例二。此外，也可能不存在滿足條件的子字串，如範例四。 **輸入格式** 輸入的第一行是 k，第二行是輸入字串，字串長度至少為 1，只由大小寫英文字母組成 (A~Z, a~z) 並且沒有空白。 **輸出格式** 輸出輸入字串中滿足 k- 交錯字串的要求的最長一段連續子字串的長度，以換行結尾。

範例一：輸入 1 aBBdaaa	範例二：輸入 3 DDaasAAbbCC
範例一：正確輸出 2	範例二：正確輸出 3
範例三：輸入 2 aafAXbbCDCCC	範例四：輸入 3 DDaaAAbbCC
範例三：正確輸出 8	範例四：正確輸出 0

評分說明

輸入包含若干筆測試資料，每一筆測試資料的執行時間限制 (time limit) 均為 1 秒，依正確通過測資筆數給分。其中：

第 1 子題組 20 分，字串長度不超過 20 且 k=1。

第 2 子題組 30 分，字串長度不超過 100 且 k ≤ 2。

第 3 子題組 50 分，字串長度不超過 100,000 且無其他限制。

提示：根據定義，要找的答案是大寫片段與小寫片段交錯串接而成。本題有多種解法的思考方式，其中一種是從左往右掃描輸入字串，我們需要記錄的狀態包含：目前是在小寫子字串中，還是大寫子字串中，以及在目前大（小）寫子字串的第幾個位置。根據下一個字母的大小寫，我們需要更新狀態並且記錄以此位置為結尾的最長交替字串長度。

另外一種思考是先掃描一遍字串，找出每一個連續大（小）寫片段的長度並將其記錄在一個陣列，然後針對這個陣列來找出答案。

```
1    # 統計從索引值i之後,cross串列元素中連續符合k-交錯字串規則的個數,
2    # 並回傳違反k-交錯字串規則時的索引值m
3    def found_max_ksections(cross, i) :
4        global count
5        global max_ksections
6        for m in range(i+1, cross_sections+1, 1) :
7            # 若cross串列的元素值 >= k個連續大寫字元或連續小寫字元
8            if cross[m] >= k :
9                count += 1
10
11           # 違反連續k-交錯字串規則,
12           # 但cross[m]符合連續k個字元全部大寫或小寫
13           if cross[m] > k :
14               # 因違反k-交錯字串規則,k-交錯字串已中斷,
15               # 故需決定是否變更符合k-交錯字串的最多區段數
16               if count > max_ksections :
17                   max_ksections=count
18
19               count=1 # 符合k-交錯字串規則的個數設定為1
20               break
21       return found_max_ksections(cross, m)
```

```
22          else:
23              # cross串列的元素值,違反k-交錯字串規則
24              # 因違反k-交錯字串規則,k-交錯字串已中斷,
25              # 故需決定是否變更符合k-交錯字串的最多區段數
26              if count > max_ksections :
27                  max_ksections=count
28
29              count=0  # 將符合k-交錯字串的區段數歸0
30              break
31      return m # 回傳違反k-交錯字串規則時的索引值m
32
33  cross_sections=0 # 記錄連續大小寫交錯區段數
34  max_ksections=0 # 記錄符合k-交錯字串的最多區段數
35  # count : 記錄符合k-交錯字串的區段數
36  # k : k-交錯字串
37  k=int(input())
38  tstr=input()
39
40  # cross[i] : 記錄第i個的連續大寫字元或連續小寫字元的長度
41  cross=[0 for i in range(100000)]
42
43  uppernum=0  # 0 : 連續k個字元不是全部大寫 1:全部大寫
44  lowernum=0  # 0 : 連續k個字元不是全部小寫 1:全部小寫
45  j=0  # j : 代表cross串列的索引
46  for i in range(0, len(tstr), 1) :
47      # 大寫的英文字母的ASCII值在65~90之間
48      # 小寫的英文字母的ASCII值在97~122之間
49      if ord(tstr[i]) <= 90 :
50          # 將前一段連續小寫字元長度記錄在cross[j]
51          if lowernum > 0 :
52              cross[j]=lowernum
53              j += 1
54
55          # 計算本段連續大寫字元長度時,先將連續小寫字元長度歸0
56          lowernum=0
57
```

```
58        uppernum += 1
59      else :
60        # 將前一段連續大寫字元長度記錄在cross[j]
61        if uppernum > 0 :
62          cross[j]=uppernum
63          j += 1
64
65        # 計算本段連續小寫字元長度時,先將連續大寫字元長度歸0
66        uppernum=0
67
68        lowernum += 1
69
70  # 累計連續大寫字元或連續小寫字元後,才會將該段連續字元長度記錄
71  # 在cross[j]中,故離開迴圈後,需將最後一段連續字元長度記錄起來
72  if uppernum > 0 :
73    cross[j]=uppernum
74  else :
75    cross[j]=lowernum
76
77  cross_sections=j
78
79  count=0
80  i=0
81  while (i <= cross_sections) :
82    # 若cross[i] >= k個連續大寫字元或連續小寫字元
83    if cross[i] >= k :
84      count += 1
85
86      # 回傳cross[i]後的違反k-交錯字串規則的索引值
87      i=found_max_ksections(cross, i)
88    i += 1
89
90  # 若cross[cross_sections] (串列cross的最後一個元素) 剛好等於k
91  # 則需再判斷是否變更符合k-交錯字串的最多區段數
92  if count > max_ksections :
93    max_ksections=count
```

94	
95	print(max_ksections * k, end="")
執行 結果	3 DDaasAAbbCC 3

[程式說明]

- 程式第 46~75 的目的，將字串中的連續大寫或小寫的字元個數依序記錄在串列 cross 中。

- 程式第 81~88 列的目的，是在串列 cross 的元素值中，尋找符合連續 k-交錯字串規則的最多區段，即符合連續 k-交錯字串規則的 cross 串列索引值的最多連續個數。

9-2 合併排序法(Merge Sort)

　　將資料分成兩群後各自進行排序，最後再將排序好的兩群資料合併成單一資料群的過程，稱之為合併排序法。合併排序法，是由出生於匈牙利的數學家 Neumann János Lajos 在 1945 年所發表的一種排序演算法，採用分而治之 (Divide and Conquer) 的方式來排序資料，效率優於氣泡排序法。

　　合併排序法的步驟如下：

步驟 1　將資料分割成左右兩邊。

步驟 2　若左邊的資料個數大於 1，則回到步驟 1，否則執行步驟 3。

步驟 3　若右邊的資料個數大於 1，則回到步驟 1，否則執行步驟 4。

步驟 4　將已排序好的左右兩邊之資料，合併成單一排序好的資料。

　　由合併排序法的步驟，可看出過程符合遞迴概念，故使用遞迴函式來建構合併排序法是最合適的。

範例 9	寫一程式，使用合併排序法，將18、5、37、2及49，從小到大輸出。
1	def mergesort(data, left, right) :
2	# left與right為陣列data的索引範圍
3	if left < right : # 陣列元素至少有2(含)個以上，才需進行合併排序
4	mid = (left+right) // 2 # mid是data陣列的中間元素的索引值
5	
6	# 對索引值為left ~ mid間的data陣列元素做排序
7	# 即對data陣列的左半邊元素做排序
8	mergesort(data, left, mid)
9	
10	# 對索引值為(mid+1) ~ right間的data陣列元素做排序
11	# 即對data陣列的右半邊元素做排序
12	mergesort(data, mid+1, right)
13	
14	# 將data陣列左右兩邊已排序好的陣列元素, 合併成單一已排序
15	# 的data[left] ~ data[right]
16	merge(data, left, right)
17	
18	# 將data陣列左右兩邊已排序好的陣列元素, 合併成單一已排序好
19	# 的data[left] ~ data[right]
20	def merge(data, left, right) :
21	mid = (left+right) // 2 # data陣列的中間元素之索引值
22	
23	# data陣列元素分成兩群後,左半邊的陣列元素個數
24	leftgrouplength=mid-left+1
25	
26	# data陣列元素分成兩群後,右半邊的陣列元素個數
27	rightgrouplength=right-(mid+1)+1
28	
29	# 宣告子陣列leftgroup,記錄data陣列左半邊的元素
30	leftgroup=[0 for i in range(leftgrouplength)]
31	
32	# 宣告子陣列rightgroup，記錄data陣列右半邊的元素
33	rightgroup=[0 for i in range(rightgrouplength)]
34	

```
35        # data陣列左半邊的陣列索引變數
36        leftgroupindex = 0
37
38        # data陣列右半邊的陣列索引變數
39        rightgroupindex = 0
40
41        for i in range(left, right+1, 1) :
42          if i <= mid:
43            leftgroup[i-left] = data[i]
44          else :
45            rightgroup[i-(mid+1)] = data[i]
46
47      # 將陣列leftgroup與陣列rightgroup合併排序，
48      # 存入索引值為left ~ right的data陣列元素中
49      for i in range(left, right+1, 1) :
50        # 若左半邊的資料 <= 右半邊的資料
51        if leftgroup[leftgroupindex] <= rightgroup[rightgroupindex] :
52          data[i] = leftgroup[leftgroupindex]
53          leftgroupindex += 1
54
55          # 若左半邊的資料已全部依排列順序存入data陣列中
56          if leftgroupindex == leftgrouplength :
57            # 將右半邊尚未存入data陣列中的資料，
58            # 依序存入data陣列內
59            while rightgroupindex < rightgrouplength :
60              i+=1
61              data[i] = rightgroup[rightgroupindex]
62              rightgroupindex += 1
63            break
64        else : # 若左半邊的資料 > 右半邊的資料
65          data[i] = rightgroup[rightgroupindex]
66          rightgroupindex += 1
67
68          # 若右半邊的資料已全部依排列順序存入data陣列中
69          if rightgroupindex == rightgrouplength :
70            # 將左半邊尚未存入data陣列中的資料，
```

71	# 依序存入data陣列內
72	while leftgroupindex < leftgrouplength :
73	i += 1
74	data[i] = leftgroup[leftgroupindex]
75	leftgroupindex += 1
76	break
77	
78	data= [18, 5, 37, 2, 49]
79	print("排序前的資料:", end="")
80	for i in range(0,5,1) :
81	print(data[i], " ", end="")
82	print()
83	
84	mergesort(data, 0, 4) # 將陣列data從小到大排序
85	
86	print("排序後的資料:",end="")
87	for i in range(0, 5, 1):
88	print(data[i], " ", end="")
89	print()
執行 結果	排序前的資料:　18　　5　37　　2　49 排序後的資料:　　2　　5　18　37　49

[程式說明]

- Merge函式的合併程序如下：

  判斷左邊資料中的第 leftgroupindex 個元素值 (leftgroup[leftgroupindex]) 是否小於或等於右邊資料中的第 rightgroupindex 個元素值 (rightgroup [rightgroupindex])？

  ➤ 若判斷為真，則

  (1) 設定 data[i]= 左邊資料 leftgroup 串列中的第 leftgroupindex 個元素值，left ≤ i ≤ right。

  (2) 將 leftgroupindex 加 1，移往左邊資料 leftgroup 串列的下一個元素。

(3) 判斷左半邊的資料是否已全部存入 data 串列中？

若判斷為真，則將右半邊尚未存入 data 串列中的資料，依序存入 data 串列。

(4) 若 data[left]~data[right] 已排序好了，則結束 Merge 函式，否則繼續判斷左邊資料中的第 leftgroupindex 個元素值 (leftgroup [leftgroupindex])是否小於或等於右邊資料中的第 rightgroupindex 個元素值 (rightgroup [rightgroupindex])。

➤ 若判斷為假，則

(1) 設定 data[i]= 右邊資料 rightgroup 串列中的第 rightgroupindex 個元素值，left ≤ i ≤ right。

(2) 將 rightgroupindex 加 1，移往右邊資料 rightgroup 串列的下一個元素。

(3) 判斷右半邊的資料是否已全部存入 data 串列中？

若判斷為真，則將左半邊尚未存入 data 串列中的資料，依序存入 data 串列。

(4) 若 data[left]~data[right] 已排序好了，則結束 Merge 函式，否則繼續判斷左邊資料中的第 leftgroupindex 個元素值 (leftgroup [leftgroupindex]) 是否小於或等於右邊資料中的第 rightgroupindex 個元素值 (rightgroup [rightgroupindex])。

[註] • left 是合併後的 data 串列的左邊元素索引值，right 是合併後的 data 串列的右邊元素索引值。

• leftgroupindex 是左邊資料 leftgroup 串列的索引值，0 ≤ leftgroupindex ≤ leftgrouplength-1，leftgrouplength 是左邊資料 leftgroup串列的元素個數。

• rightgroupindex 是右邊資料 rightgroup 串列的索引值，0 ≤ rightgroupindex ≤ rightgrouplength-1，rightgrouplength 是右邊資料 rightgroup 串列的元素個數。

• 合併排序法處理 18、5、37、2 及 49 的過程如下：

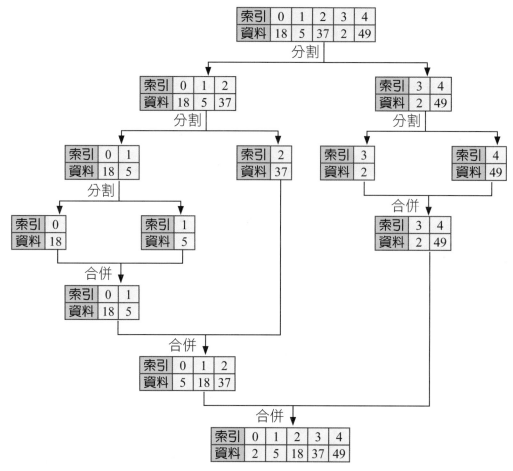

圖 9-3　18、5、37、2 及 49 之合併排序示意圖

範例 10	問題描述（106/10/28 第4題物品堆疊） 某個自動化系統中有一個存取物品的子系統，該系統是將 N 個物品堆在一個垂直的貨架上，每個物品各占一層。系統運作的方式如下：每次只會取用一個物品，取用時必須先將在其上方的物品貨架升高，取用後必須將該物品放回，然後將剛才升起的貨架降回原始位置，之後才會進行下一個物品的取用。 每一次升高某些物品所需要消耗的能量是以這些物品的總重來計算，在此我們忽略貨架的重量以及其他可能的消耗。現在有 N 個物品，第 i 個物品的重量是 w(i) 而需要取用的次數為 f(i)，我們需要決定如何擺放這些物品的順序來讓消耗的能量越小越好。舉例來說，有兩個物品w(1)=1、w(2)=2、f(1)=3、f(2)=4，也就是說物品 1 的重量是 1 需取用3 次，物品 2 的重量是 2 需取用 4 次。我們有兩個可能的擺放順序（由上而下）： • (1,2)，也就是物品 1 放在上方，2 在下方。那麼，取用 1 的時候不需要能量，而每次取用 2 的能量消耗是 w(1)=1，因為 2 需取用 f(2)=4 次，所以消耗能量數為 w(1)*f(2)=4。 • (2,1)，也就是物品 2 放在 1 的上方。那麼，取用 2 的時候不需要能量，而每次取用 1 的能量消耗是 w(2)=2，因為 1 需取用 f(1)=3 次，所以消耗能量數 =w(2)*f(1)=6。 在所有可能的兩種擺放順序中，最少的能量是 4，所以答案是 4。再舉一例，若有三物品而 w(1)=3、w(2)=4、w(3)=5、f(1)=1、f(2)=2、f(3)=3。假設由上而下以 (3,2,1) 的順序，此時能量計算方式如下：取用物品 3 不需要能量，取用物品 2 消耗 w(3)*f(2)=10，取用物品 1 消耗 (w(3)+w(2))*f(1)=9，總計能量為 19。如果以 (1,2,3) 的順序，則消耗能量為 3*2+(3+4)*3=27。事實上，我們一共有 3!=6 種可能的擺放順序，其中順序 (3,2,1) 可以得到最小消耗能量 19。 輸入格式 輸入的第一行是物品件數 N，第二行有 N 個正整數，依序是各物品的重量 w(1)、w(2)、…、w(N)，重量皆不超過 1,000 且以一個空白間隔。第三行有 N 個正整數，依序是各物品的取用次數 f(1)、f(2)、…、f(N)，次數皆為 1,000 以內的正整數，以一個空白間隔。 輸出格式 輸出最小能量消耗值，以換行結尾。所求答案不會超過 63 個位元所能表示的正整數。

範例一（第 1、3 子題）：輸入	範例二（第 2、4 子題）：輸入
2 20 10 1 1	3 3 4 5 1 2 3
範例一：正確輸出 10	範例二：正確輸出 19

評分說明：輸入包含若干筆測試資料，每一筆測試資料的執行時間限制 (time limit) 均為 1 秒，依正確通過測資筆數給分。其中：
第 1 子題組 10 分，N = 2，且取用次數 f(1)=f(2)=1。
第 2 子題組 20 分，N = 3。
第 3 子題組 45 分，N ≤ 1,000，且每一個物品 i 的取用次數 f(i)=1。
第 4 子題組 25 分，N ≤ 100,000。

```
1   def mergesort(data, n, left, right ) :
2       # left與right為陣列data的索引範圍
3       if left < right : # 陣列元素至少有2(含)個以上，才需進行合併排序
4           mid = (left+right) // 2  # mid是data陣列的中間元素之索引值
5
6           # 對索引值為left ~ mid間的data陣列元素做排序
7           # 即對data陣列的左半邊元素做排序
8           mergesort(data, n, left, mid)
9
10          # 對索引值為(mid+1) ~ right間的data陣列元素做排序
11          # 即對data陣列的右半邊元素做排序
12          mergesort(data, n, mid+1, right)
13
14          # 將data陣列左右兩邊已排序好的陣列元素, 合併成單一已排序
15          # 的data[left] ~ data[right]
16          merge(data, n, left, right)
17
18  # 將data陣列左右兩邊已排序好的陣列元素, 合併成單一已排序
19  # 的data[left] ~ data[right]
20  def merge(data, n, left, right) :
21      mid = (left+right) // 2  # data陣列的中間元素之索引值
22
```

```
23    # data陣列元素分成兩群後,左半邊的陣列元素個數
24    leftgrouplength=mid-left+1
25
26    # data陣列元素分成兩群後,右半邊的陣列元素個數
27    rightgrouplength=right-(mid+1)+1
28
29     # 宣告子陣列leftgroup,記錄data陣列左半邊的元素
30    leftgroup=[[0]*2 for i in range(leftgrouplength)]
31
32    # 宣告子陣列rightgroup,記錄data陣列右半邊的元素
33    rightgroup=[[0]*2 for i in range(rightgrouplength)]
34
35    # data陣列左半邊的陣列索引變數
36    leftgroupindex = 0
37
38    # data陣列右半邊的陣列索引變數
39    rightgroupindex = 0
40
41    for i in range(left, right+1, 1) :
42      if i <= mid :
43        leftgroup[i-left][0] = data[i][0]
44        leftgroup[i-left][1] = data[i][1]
45      else :
46        rightgroup[i-(mid+1)][0]= data[i][0]
47        rightgroup[i-(mid+1)][1] =data[i][1]
48
49    # 將陣列leftgroup與陣列rightgroup合併排序,
50    # 存入索引值為left ~ right的data陣列元素中
51    for i in range(left, right+1, 1) :
52      # 若左半邊的資料 <= 右半邊的資料
53      if leftgroup[leftgroupindex][1]<= rightgroup[rightgroupindex][1] :
54        data[i][1] = leftgroup[leftgroupindex][1]
55        data[i][0] = leftgroup[leftgroupindex][0]
56        leftgroupindex += 1
57
58        # 若左半邊的資料已全部依排列順序存入data陣列中
```

```
59          if leftgroupindex == leftgrouplength:
60              # 將右半邊尚未存入data陣列中的資料,
61              # 依序存入data陣列內
62              while rightgroupindex < rightgrouplength :
63                  i += 1
64                  data[i][1] = rightgroup[rightgroupindex][1]
65                  data[i][0] = rightgroup[rightgroupindex][0]
66                  rightgroupindex += 1
67              break
68
69          else : # 若左半邊的資料 > 右半邊的資料
70              data[i][1] = rightgroup[rightgroupindex][1]
71              data[i][0] = rightgroup[rightgroupindex][0]
72              rightgroupindex += 1
73
74              # 若右半邊的資料已全部依排列順序存入data陣列中
75              if rightgroupindex == rightgrouplength :
76                  # 將左半邊尚未存入data陣列中的資料,
77                  # 依序存入data陣列內
78                  while leftgroupindex < leftgrouplength:
79                      i += 1
80                      data[i][1] = leftgroup[leftgroupindex][1]
81                      data[i][0] = leftgroup[leftgroupindex][0]
82                      leftgroupindex += 1
83                  break
84
85  # n : n個物品
86  n=int(input())
87
88  w=[0 for i in range(n)] # 記錄n個物品的重量
89
90  w=input().split()  # 輸入第i個物品的重量(w[i])
91  for i in range(0, n, 1) :
92      w[i]=int(w[i])
93
94  f=[0 for i in range(n)] # 記錄n個物品的取用次數
```

94	f=[0 for i in range(n)] # 記錄n個物品的取用次數
95	f=input().split() # 輸入第i個物品取用的次數(f[i])
96	for i in range(0, n, 1) :
97	f[i]=int(f[i])
98	
99	ratio=[[0] * 2 for i in range(n)] # 記錄n個物品的重量與取用次數比值
100	for i in range(0, n, 1) :
101	ratio[i][0]=i
102	ratio[i][1]=float(w[i] // f[i])
103	
104	# 將ratio陣列第1行的資料(ratio[n][1])，依小到大排序
105	# 同時ratio陣列第0行的資料(ratio[n][0])也要跟著ratio[n][1]移動
106	mergesort(ratio, n, 0, n-1) # 呼叫合併排序函式
107	
108	totalweight=0 # 往上移動N個物品所消耗的總能量
109	#liftweight 將物品i上面的物品往上移動一次所消耗的總能量
110	for i in range(0, n, 1) :
111	liftweight = 0
112	for j in range(0, i, 1) :
113	liftweight += w[int(ratio[j][0])]
114	totalweight += liftweight * f[int (ratio[i][0])]
115	print(totalweight, end="")
執行 結果	3 3 4 5 1 2 3 19

[程式說明]

- 由題目中範例一的輸入資料與輸出結果，以及範例二的輸入資料與輸出結果，我們發現：**根據 N 個物品的比值「w(i) / f(i)」來排列物品，將比值較小的物品排在比值較大的物品上方，所消耗的總能量最低。**
  範例一：因 10/1 < 20/1，故物品 1 排在物品 2 的上方；範例二：因 5/3 < 4/2 < 3/1，故物品 2 排在物品 1 的上方，物品 3 排在物品 2 的上方。

- 為了計算最低消耗的總能量，必須執行下列兩個步驟：

    ➢ 在程式第 99~102 列宣告二維串列變數 ratio，並記錄 n 個物品的索引值及重量與取用次數的比值。

    ➢ 在程式第 106 列呼叫合併排序函式，根據 ratio 串列第 1 行的元素值 (ratio[i][1]，0≤i≤n-1) 進行排序，同時 ratio 二維串列的第 0 行元素值 (ratio[i][0]，0≤i≤n-1) 也會跟著調整。排序後，二維串列 ratio 的第 i 列第 0 行元素值 (ratio[i][0])，就是排序前的第「ratio[i][0]」個物品，0≤i≤n-1。因此，排序後的 ratio[i][0] 元素值，0≤i≤n-1，就是消耗的總能量最低的 N 個物品由上往下的排列順序。

- 程式第 108~115 列的目的，是計算移動 n 個物品所消耗的總能量。而其中程式第 111~113 列的目的，是

    計算移動第 i 個物品 f(i) 次所消耗的總能量

      = 移動第 0 個物品 f(0) 次所消耗的總能量 +⋯+

      移動第 (i-1) 個物品 f(i-1) 次所消耗的總能量

範例 11	問題描述（106/3/4 第4題基地台） 為因應資訊化與數位的發展趨勢，某市長想要在城市的一些服務點上提供無線網路服務，因此他委託電信公司架設無線基地台。某電信公司負責其中 N 個服務點，這 N 個服務點位在一條筆直的大道上，它們的位置（座標）係以與該大道一端的距離 P[i] 來表示，其中 i=0~N-1。由於設備訂製與維護的因素，每個基地台的服務範圍必須都一樣，當基地台架設後，與此基地台距離不超過 R（稱為基地台的半徑）的服務點都可以使用無線網路服務，也就是說每一個基地台可以服務的範圍是 D=2R（稱為基地台的直徑）。現在電信公司想要計算，如果要架設 K 個基地台，那麼基地台的最小直徑是多少才能使每個服務點都可以得到服務。 基地台架設的地點不一定要在服務點上，最佳的架設地點也不唯一，但本題只需要求最小直徑即可。以下是一個 N=5 的例子，五個服務點的座標分別是 1、2、5、7、8。

假設 K=1，最小的直徑是7，基地台架設在座標 4.5 的位置，所有點與基地台的距離都在半徑 3.5 以內。假設 K=2，最小的直徑是 3，一個基地台服務座標 1 與 2 的點，另一個基地台服務另外三點。在 K=3 時，直徑只要 1 就足夠了。

輸入格式
輸入有兩行。第一行是兩個正整數 N 與 K，以一個空白間格。第二行 N 個非負整數 P[0]，P[1]，…，P[N-1] 表示 N 個服務點的位置，這些位置彼此之間以一個空白間格。請注意，這 N 個位置並不保證相異也未經過排序。本題中，K<N 且所有座標是整數，因此，所求最小直徑必然是不小於 1 的整數。

輸出格式
輸出最小直徑，不要有任何多餘的字或空白並以換行結尾。

範例一：輸入	範例二：輸入
5 2	5 1
5 1 2 8 7	7 5 1 2 8

範例一：正確輸出	範例二：正確輸出
3	7
（說明）如題目中之說明。	（說明）如題目中之說明。

評分說明
輸入包含若干筆測試資料，每一筆測試資料的執行時間限制 (time limit) 均為 2 秒，依正確通過測資筆數給分。其中：
第 1 子題組 10 分，座標範圍不超過 100，1≤K<2，K<N≤ 10。
第 2 子題組 20 分，座標範圍不超過 1,000，1≤K<N≤100。
第 3 子題組 20 分，座標範圍不超過 1,000,000,000，1≤K<N≤ 500。
第 4 子題組 50 分，座標範圍不超過 1,000,000,000，1≤ K<N≤ 50,000。

```
1  def mergesort( p, left, right) :
2    # left與right為陣列p的索引範圍
3    if left < right : # 陣列元素至少有2(含)個以上，才需進行合併排序
```

```
4        mid = (left+right) // 2  # mid是p陣列的中間元素的索引值
5
6        # 對索引值為left ~ mid間的p陣列元素做排序
7        # 即對p陣列的左半邊元素做排序
8        mergesort(p, left, mid)
9
10       # 對索引值為(mid+1) ~ right間的p陣列元素做排序
11       # 即對p陣列的右半邊元素做排序
12       mergesort(p, mid+1, right)
13
14       # 將p陣列左右兩邊已排序好的陣列元素, 合併成單一已排序
15       # 的p[left] ~ p[right]
16       merge(p, left, right)
17
18  # 將p陣列左右兩邊已排序好的陣列元素, 合併成單一已排序好
19  # 的p[left] ~ p[right]
20  def merge(p, left, right) :
21    mid = (left+right) // 2  # p陣列的中間元素之索引值
22
23    # p陣列元素分成兩群後,左半邊的陣列元素個數
24    leftgrouplength=mid-left+1
25
26    # p陣列元素分成兩群後,右半邊的陣列元素個數
27    rightgrouplength=right-(mid+1)+1
28
29    # 宣告子陣列leftgroup,記錄p陣列左半邊的元素
30    leftgroup=[0 for i in range(leftgrouplength)]
31
32    # 宣告子陣列rightgroup，記錄p陣列右半邊的元素
33    rightgroup=[0 for i in range(rightgrouplength)]
34
35    # p陣列左半邊的陣列索引變數
36    leftgroupindex = 0
37
38    # p陣列右半邊的陣列索引變數
39    rightgroupindex = 0
```

```
40
41       for i in range(left, right+1, 1) :
42         if i <= mid:
43           leftgroup[i-left] = p[i]
44         else :
45           rightgroup[i-(mid+1)] = p[i]
46
47     # 將陣列leftgroup與陣列rightgroup合併排序，
48     # 存入索引值為left ~ right的p陣列元素中
49       for i in range(left, right+1, 1) :
50         # 若左半邊的資料 <= 右半邊的資料
51         if leftgroup[leftgroupindex] <= rightgroup[rightgroupindex] :
52           p[i] = leftgroup[leftgroupindex]
53           leftgroupindex += 1
54
55           # 若左半邊的資料已全部依排列順序存入p陣列中
56           if leftgroupindex == leftgrouplength :
57             # 將右半邊尚未存入p陣列中的資料,
58             # 依序存入p陣列內
59             while rightgroupindex < rightgrouplength :
60               i += 1
61               p[i] = rightgroup[rightgroupindex]
62               rightgroupindex += 1
63             break
64         else: # 若左半邊的資料 > 右半邊的資料
65           p[i] = rightgroup[rightgroupindex]
66           rightgroupindex += 1
67
68           # 若右半邊的資料已全部依排列順序存入p陣列中
69           if rightgroupindex == rightgrouplength :
70             # 將左半邊尚未存入p陣列中的資料,
71             # 依序存入p陣列內
72             while leftgroupindex < leftgrouplength :
73               i += 1
74               p[i] = leftgroup[leftgroupindex]
75               leftgroupindex += 1
```

```python
76              break
77
78    # 判斷直徑為mid的k座基地台是否可以涵蓋n個服務點
79    def check(p, n, k, mid) :
80      num=0  # 基地台的索引編號,目前要建立的基地台之索引編號為0
81      # basestation[i] : 記錄第(i+1)個基地台涵蓋的位置點
82      basestation=[0 for i in range(k+1)]
83      index=0 # 服務點的索引編號
84      # 檢查n個服務點是否被k座基地台所涵蓋
85      while index < n :
86        # 第(num+1)個基地台涵蓋的位置點 =
87        # 第(index+1)個服務點 + 基地台的直徑
88        basestation[num]=p[index]+mid
89
90        # 若第(num+1)個基地台涵蓋最後一個服務站的位置p[n-1],
91        # 且建立的基地台之索引編號num <= k-1,
92        # 則表示直徑為mid的k座基地台可以涵蓋n個服務點
93        if (basestation[num] >= p[n-1]) and (num <= k-1 ) :
94          return 1
95
96        # 若已建立的基地台之索引編號num = k,
97        # 則表示直徑為mid的k座基地台無法涵蓋n個服務點
98        if num == k :
99          return 0
100
101       # 移往下一個未涵蓋的服務點
102       while p[index] <= basestation[num] and index < n:
103         index += 1
104
105       num += 1 # 將下一個要建立的基地台之索引編號+1
106     return 0  # 直徑為mid的k座基地台無法涵蓋n個服務點
107
108   # n : n個服務點
109   # k : k個基地台
110   n, k=input().split()
111   n=int(n)
```

112	k=int(k)
113	
114	p=[0 for i in range(n)] # n個服務點的位置
115	p=input().split()# 輸入第i個服務點的位置(p[i])
116	for i in range(0, n, 1) :
117	p[i]=int(p[i])
118	
119	mergesort(p, 0, n-1) # 將陣列p從小到大排序
120	
121	mindiameter=1 # 基地台的最小直徑為1
122	#maxdiameter 基地台的最大直徑
123	
124	if (p[n-1]-p[0]) % k == 0 :
125	maxdiameter=(p[n-1]-p[0]) // k
126	else :
127	maxdiameter=(p[n-1]-p[0]) // k + 1
128	
129	while mindiameter < maxdiameter :
130	mid=(mindiameter + maxdiameter) // 2
131	# 若直徑為mid的k座基地台可以涵蓋n個服務點
132	if (check(p, n, k, mid) == 1) :
133	maxdiameter=mid # 表示基地台的最大直徑最多是mid
134	else :
135	mindiameter=mid+1 # 表示基地台的最小直徑至少是(mid+1)
136	print(mindiameter , end="")
執行結果	5 2 5 1 2 8 7 3

[程式說明]

- 程式第 124~127 列，是以平均距離的概念來說明 k 座基地台要涵蓋 n 個服務點，基地台的最大直徑為「(p[n-1]-p[0]) // k」。當最大直徑須為整數時，若「(p[n-1]-p[0])」整除 k，則最大直徑為「(p[n-1]-p[0]) // k」；否則最大直徑須為「(p[n-1]-p[0]) // k + 1」。

- 程式第 129~135 列的主要目的，是在 1 ~ maxdiameter 之間，找出 k 座基地台可以涵蓋 n 個服務點的最小直徑。做法與在 1 ~ maxdiameter 之間，使用二分搜尋法尋找特定資料類似，唯一的差異在於要找出的最小直徑並不是 n 個服務點的位置點。另外，將夾擠定理應用在搜尋最小直徑的條件「while (mindiameter < maxdiameter)」，使得最小直徑為 mindiameter(=maxdiameter)。

- 程式第 85~105 列：

  ➤ 基地台的布置位置，最簡單的做法是設在：「某個服務點的位置 + 基地台的直徑 // 2」的位置上，這樣基地台涵蓋的最遠位置點為「服務點的位置 + 基地台的直徑」。

  ➤ 若 k 座基地台所設定的直徑 mid 涵蓋所有的 n 個服務點，則回到主程式中，將基地台的最大直徑重新設定為 mid。

  ➤ 若 k 座基地台所設定的直徑 mid 無法涵蓋所有的 n 個服務點，則回到主程式中，將基地台的最大直徑重新設定為 (mid+1)。

  ➤ 判斷此服務點之後的其他服務點位置是否也被此基地台所涵蓋？若他服務點位置也被此基地台涵蓋，則跳過這些服務點，然後才再布置下一座基地台；否則就直接將下一座基地台的布置位置設在：未涵蓋服務點 + (基地台的直徑 // 2) 的位置上。

範例 12	問題描述（105/3/5 第4題血緣關係） 小宇有一個大家族。有一天，他發現記錄整個家族成員和成員間血緣關係的家族族譜。小宇對於最遠的血緣關係（我們稱之為"血緣距離"）有多遠感到很好奇。 下圖為家族的關係圖。0 是 7 的孩子，1、2 和 3 是 0 的孩子，4 和 5 是 1 的孩子，6 是 3 的孩子。我們可以輕易的發現最遠的親戚關係為4(或5) 和 6，他們的 "血緣距離" 是 4 (4~1，1~0，0~3，3~6)。 給予任一家族的關係圖，請找出最遠的"血緣距離"。你可以假設只有一個人是整個家族成員的祖先，而且沒有兩個成員有同樣的小孩。

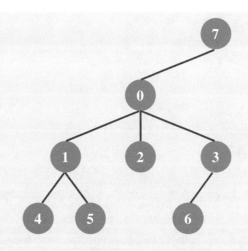

輸入格式
第一行為一個正整數 n 代表成員的個數,每人以 0~n-1 之間惟一的編號代表。接著的 n-1 行,每行有兩個以一個空白隔開的整數 a 與 b(0≤a, b≤n-1),代表 b 是 a 的孩子。

輸出格式
每筆測資輸出一行最遠"血緣距離"的答案。

範例一:輸入	範例二:輸入
8	4
0 1	0 1
0 2	0 2
0 3	2 3
7 0	
1 4	
1 5	
3 6	
範例一:正確輸出	範例二:正確輸出
4	3
(說明)	(說明)
如題目所附之圖,最遠路徑為 4->1->0->3->6 或 5->1->0->3->6,距離為 4。	最遠路徑為1->0->2->3,距離為 3。

	評分說明
	輸入包含若干筆測試資料，每一筆測試資料的執行時間限制 (time limit) 均為 3 秒，依正確通過測資筆數給分。其中，
	第 1 子題組共 10 分，整個家族的祖先最多 2 個小孩，其他成員最多一個小孩，2 ≤ n ≤ 100。
	第 2 子題組共 30 分，2 ≤ n ≤100。
	第 3 子題組共 30 分，101 ≤ n ≤ 2,000。
	第 4 子題組共 30 分，1,001 ≤ n ≤ 100,000。

```
1   # 回傳節點node的高度，並記錄兩個最遠的子節點之血緣距離
2   def nodeheight(subnodenum, n, node):
3       # firstheight與secondheight分別記錄(同一個父節點node的)子節點中的
4       # 最高高度及第2高高度
5       global bloodlength
6       firstheight=0 # firstheight也代表節點node的高度
7       secondheight=0
8
9       # 節點node沒有子節點時，表示為葉節點
10      if (subnodenum[node] == 0) :
11          return 0 # 回傳0給節點node的高度，表示葉節點node的高度=0
12      else :
13          # 探索節點node的每一個子節點，
14          # 並記錄節點node的兩個最遠子節點之血緣距離
15          for i in range(0, subnodenum[node], 1) :
16              # 計算節點node的第(i+1)個子節點的高度
17              height = nodeheight(subnodenum, n,subnode[node][i]) + 1
18
19              if (height >= firstheight) :
20                  secondheight = firstheight
21                  firstheight = height
22              elif (firstheight >= height and height >= secondheight) :
23                  secondheight = height
24
25              # 節點node目前兩個最大的子節點高度和 > 之前最遠的血緣距離
26              if (firstheight + secondheight > bloodlength) :
27                  bloodlength = firstheight + secondheight
28
```

```
29          return firstheight  # 回傳節點node的高度
30
31
32    n=int(input())  # 節點數
33
34    issubnode=[ 0 for i in range(n) ]  # 記錄n個節點各自是否為子節點
35    # 若issubnode[i]=1，則節點i為子節點，否則節點i不是子節點
36
37    subnodenum=[ 0 for i in range(n) ]  # 記錄n個節點各自的子節點數目
38    # subnodesize[i] : 代表節點i的子節點數目
39
40    for i in range(0, n, 1) :
41        issubnode[i]=0  # 設定節點i不是子節點
42        subnodenum[i]=0 # 設定節點i的子節點數目之初始值=0
43
44    # 共有(n-1)組的父節點與子節點，用來記錄n個節點各自的父子關係
45    relation=[ [0]*2 for i in range(n-1) ]
46    # relation[i][0] : 第i組的父節點，relation[i][1] : 第i組的子節點
47
48    subnodemaxnum=0 # 記錄所有節點的子節點數目之最大值
49
50    # 輸入(n-1)組的父節點與子節點
51    for i in range(0, n-1, 1) :
52        relation[i][0], relation[i][1]=input().split()
53        relation[i][0]=int(relation[i][0])
54        relation[i][1]=int(relation[i][1])
55
56        # 父節點relation[i][0]的子節點個數+1
57        subnodenum[relation[i][0]] += 1
58
59        # 節點relation[i][0]的子節點數目>所有節點的子節點數目之最大值
60        if (subnodenum[relation[i][0]] > subnodemaxnum) :
61            subnodemaxnum=subnodenum[relation[i][0]]
62
63    # 二維串列subnode:記錄n個節點各自的子節點，
64    # 先記錄的子節點，在探索的過程中，會先被探索
```

65	subnode=[[0]*subnodemaxnum for i in range(n)]
66	
67	# 重新將節點i的子節點數目之初始值歸0
68	for i in range(0, n, 1) :
69	subnodenum[i]=0
70	
71	for i in range(0, n-1, 1) :
72	issubnode[relation[i][1]] = 1　# 設定節點relation[i][1]為子節點
73	# 節點relation[i][0]的第subnodenum[relation[i][0]]個子節點是relation[i][1]
74	subnode[relation[i][0]][subnodenum[relation[i][0]]]=relation[i][1]
75	
76	# 節點relation[i][0]的子節點個數+1
77	subnodenum[relation[i][0]] += 1
78	
79	# 從n個節點中，找出根節點root
80	for i in range(0, n, 1) :
81	if (issubnode[i] == 0) : # 節點i不是子節點
82	break
83	
84	bloodlength=0 # 記錄兩個最遠的節點之血緣距離
85	root=i　# 根節點root
86	rootheight = nodeheight(subnodenum, n, root) # rootheight : 根節點root的高度
87	
88	# 根節點root的高度 > 兩個最遠的節點之血緣距離
89	if (rootheight > bloodlength) :
90	bloodlength=rootheight
91	
92	print(bloodlength)
執行結果	8 0 1 0 2 0 3 7 0 1 4 1 5 3 6 4

[程式說明]

- 計算最遠的「血緣距離」，是先計算最底層節點的高度，再逐步計算上一層的節點高度，直到根節點的高度被計算才停止。
- 計算節點的高度之遞迴函式「nodeheight」如下:
  1. 若節點為葉節點，則節點的高度為 0，並中止呼叫遞迴函式「nodeheight」。
  2. 否則逐一計算該節點的所有子節點高度，即逐一呼叫計算子節點高度的遞迴函式「nodeheight」，並加1。
  3. 若節點的所有子節點之最大高度前兩名相加大於之前最遠的「血緣距離」，則最遠的「血緣距離」= 所有子節點的最大高度前兩名相加。
  4. 回傳節點的高度。

♥ 9-3　益智遊戲範例

範例 13	寫一程式，設計踩地雷遊戲。
1	# 定義display函式:顯示地雷圖
2	def display(landminemap) :
3	print("踩地雷遊戲")
4	print("　０１２３４５６７") # 皆為全形字
5	tstr=["０","１","２","３","４","５","６","７"] # 皆為全形字
6	k=0
7	for i in range(0, len(landminemap), 1) :
8	print(tstr[k], end="")
9	for j in range(0, len(landminemap[i]), 1) :
10	if guess[i][j] == 1:
11	if landminemap[i][j] == -1 :
12	print("※", end="") # ※:代表地雷
13	else :

```
14                    print(tstr[landminemap[i][j] ], end="")
15              else:
16                print("■", end="")  # ■:代表地雷圖格子
17          k += 1
18        print()
19
20    # 定義checkbomb函式:檢查位置(row,col)是否為地雷(遞迴函式)
21    def checkbomb(row, col) :
22      global landminemap
23      global guess
24      global check
25      global gameover
26      guess[row][col]=1
27      #當踩到的位置(row,col)是0時,且此位置是第1次檢查時
28      if landminemap[row][col] == 0 and check[row][col] == 0 :
29        check[row][col] += 1
30        if row-1>=0 and col-1>=0:  # (row, col)的左上角位置
31          if landminemap[row-1][col-1] != -1 : # (row-1, col-1)位置不是地雷
32            checkbomb(row-1, col-1) # 再檢查(row-1, col-1)位置
33
34        if row-1>=0 :  # (row, col)的上面位置
35          if landminemap[row-1][col] != -1 :  # (row-1, col)位置不是地雷
36            checkbomb(row-1, col) # 再檢查(row-1, col)位置
37
38        if row-1>=0 and col+1<=7:  # (row, col)的右上角位置
39          if landminemap[row-1][col+1] != -1 : # (row-1, col+1)位置不是地雷
40            checkbomb(row-1, col+1) # 再檢查(row-1, col+1)位置
41
42        if col-1>=0 :  # (row, col)的左邊位置
43          if landminemap[row][col-1] != -1 :  # (row, col-1)位置不是地雷
44            checkbomb(row, col-1) # 再檢查(row, col-1)位置
45
46        if col+1<=7 :  # (row, col)的右邊位置
47          if landminemap[row][col+1] != -1 :  # (row, col+1)位置不是地雷
48            checkbomb(row, col+1) # 再檢查(row, col+1)位置
49
```

```
50      if row+1<=7 and col-1>=0 :  # (row, col)的左下角位置
51        if landminemap[row+1][col-1] != -1 : # (row+1, col-1)位置不是地雷
52          checkbomb(row+1, col-1) # 再檢查(row+1, col-1)位置
53
54      if row+1<=7:  # (row, col)的下面位置
55        if landminemap[row+1][col] != -1 : # (row+1, col)位置不是地雷
56          checkbomb(row+1, col) # 再檢查(row+1, col)位置
57
58      if row+1<=7 and col+1<=7:  # (row, col)的右下角位置
59        if landminemap[row+1][col+1] != -1: # (row+1, col+1)位置不是地雷
60          checkbomb(row+1, col+1) # 再檢查(row+1, col+1)角位置
61    display(landminemap)
62
63    if landminemap[row][col] == -1 :
64      print("你踩到(", row, ",", col, ")的地雷了~", end="")
65      gameover=True # 結束程式
66    else :
67      # 檢查8**的地雷圖，不是地雷的每一個位置是否都被踩過了
68      for i in range(0, 8, 1) :
69        for j in range(0, 8,1 ) :
70          if landminemap[i][j] != -1 and guess[i][j] != 1 :
71            break
72        if j<8 :
73          break
74      if i==8 : # 不是地雷的每一個位置都被踩過了
75        print("恭喜你過關了~", end="")
76        gameover=True # 結束程式
77
78    landminemap=[ [0, 2, -1, 2, 0, 0, 1,-1],
79                  [0, 2, -1, 4, 2, 2, 2, 2],
80                  [1, 2, 3, -1,-1, 2,-1, 1],
81                  [-1,1, 2, -1, 3, 2, 1, 1],
82                  [ 1, 1, 1, 1, 1, 0, 0, 0],
83                  [ 0, 0, 0, 0, 1, 1, 1, 0],
84                  [ 1, 1, 0, 0, 1,-1, 2, 1],
85                  [-1, 1, 0, 0, 1, 1, 2,-1] ]
```

86	
87	#記錄每個位置是否猜過,0:未猜過 1:猜過
88	guess=[[0] * 8 for i in range(8)]
89	
90	#記錄每個位置是否為第1次檢查, 0:第1次 1:第2次
91	check=[[0] * 8 for i in range(8)]
92	
93	gameover=False # 記錄遊戲是否結束: False:否 , True:結束
94	
95	#row, col 要踩的位置(列,行)
96	display(landminemap)
97	
98	while (1) :
99	print("輸入要踩的位置row,col",
100	"(以空白間格　0<=row<=7, 0<=col<=7):", end="")
101	data=[]
102	data=input().split() # 輸入兩個數字,存入data串列
103	if len(data) != 2 : # 輸入的數字不是剛好兩個
104	continue
105	row=int(data[0])
106	col=int(data[1])
107	# 輸入的數字不是剛好兩個
108	if not (row>=0 and row<=7 and col>=0 and col<=7) :
109	print("位置錯誤,重新輸入~", end="")
110	continue
111	
112	if check[row][col] != 0 : # (row, col)位置已經被踩過了
113	print("位置(", row, ",", col, ")已經踩過了,重新輸入~", end="")
114	continue
115	checkbomb(row, col) # (row, col)位置已經被踩過了
116	if gameover :
117	break
執行 結果	請自行娛樂一下。

[程式說明]

- 程式第78列的

  landminemap=[[0, 2, -1, 2, 0, 0, 1, -1],

  　　　　　　　[0, 2, -1, 4, 2, 2, 2, 2],

  　　　　　　　[1, 2, 3, -1, -1, 2 , -1, 1],

  　　　　　　　[-1, 1, 2, -1, 3, 2, 1, 1],

  　　　　　　　[1, 1, 1, 1, 1, 0, 0, 0],

  　　　　　　　[0, 0, 0, 0, 1, 1, 1, 0],

  　　　　　　　[1, 1, 0, 0, 1,-1, 2, 1],

  　　　　　　　[-1, 1, 0, 0, 1, 1, 2, -1]]

  是地雷布置圖。其中的「4」代表位置 (1,3) 的周遭有 4 個地雷，「-1」表示地雷。其他數值的說明類似。

- 程式第 98 列的「while (1)」與「while (1 != 0)」的意思相同。

- 若選擇位置 (row, col) 的值為 0，則會再顯示其周圍最多 8 個位置的值。即顯示 (row, col) 之左上方、上方、右上方、右方、左方、左下方、下方及右下方的值。若周圍位置的值也為 0，會繼續顯示其他位置的值，這符合遞迴的概念。

範例 14	寫一程式，設計五子棋遊戲。
1	# 定義display函式:顯示五子棋盤圖
2	def display(gobang, m) :
3	print("兩人五子棋遊戲")
4	print(" ０１２３４５６７８９") # 皆為全形字
5	tstr=["０","１","２","３","４","５","６","７","８","９"]#皆為全形字
6	k=0
7	for i in range(0, 10, 1) :
8	print(tstr[k], end="")
9	for j in range(0, 10, 1) :

```
10          if gobang[i][j] == 0 :
11              print( "■" ,end="")  # ■:代表棋盤格子
12          elif gobang[i][j] == 1 :
13              print( "●" ,end="")  # ●:代表黑子
14          else:
15              print( "○" ,end="")   # ○:代表白子
16      k += 1
17      print()
18
19  # 定義檢查是否三子連線，四子連線或五子連線之函式
20  def checkline(count) :
21      global gameover
22      if count == 5 and who == 0 :
23          print( "甲:五子連線,遊戲結束.")
24          gameover=True # 遊戲結束
25      elif count == 5 and who == 1 :
26          print( "乙:五子連線,遊戲結束.")
27          gameover=True # 遊戲結束
28      elif count == 4 and who == 0 :
29          print( "甲:四子連線.")
30      elif count == 4 and who == 1 :
31          print( "乙:四子連線.")
32      elif count == 3 and who == 0 :
33          print( "甲:三子連線.")
34      elif count == 3 and who == 1 :
35          print( "乙:三子連線.")
36
37  # 定義計算連線的同色棋子數之函式
38  def computechess(row, col) :
39      count=0 #記錄:已累計多少個相同的棋子(最多5個)
40
41      # 累計左方及右方連續共有多少個相同的棋子
42      count=0
43
44      # score:往位置(row,col)的左方累計最多5個位置(含位置(row,col))
45      i=0
```

```
46        while i<=4 and col-i>=0 :
47          if gobang[row][col-i]!=0 and gobang[row][col-i]==gobang[row][col]:
48            count += 1
49          else :
50            break
51          i += 1
52
53        # score:往位置(row,col)的右方累計最多4個位置
54        if count<5 :
55          i=1
56          while i<=4 and col+i<=9 and count<5 :
57            if  gobang[row][col+i]!=0 and
                   gobang[row][col+i]==gobang[row][col]:
58              count += 1
59            else :
60              break
61            i += 1
62        # 累計左方及右方連續相同的棋子共有多少個
63
64        # 檢查是否三子連線，四子連線或五子連線
65        checkline(count)
66
67        # 累計上方及下方連續相同的棋子共有多少個
68        count=0
69
70        #score:往位置(row,col)的上方累計最多5個位置
71        i=0
72        while i<=4 and row-i>=0 :
73          if gobang[row-i][col] != 0 and
                 gobang[row-i][col] == gobang[row][col] :
74            count += 1
75          else:
76            break
77          i += 1
78
79        # score:往位置(row,col)的下方累計最多4個位置
```

```
80      if count<5 :
81        i=1
82        while i<=4 and row+i<=9 and count<5 :
83          if gobang[row+i][col] != 0 and
             gobang[row+i][col] == gobang[row][col] :
84            count += 1
85          else :
86            break
87          i += 1
88    # 累計上方及下方連續相同的棋子共有多少個
89
90    # 檢查是否三子連線，四子連線或五子連線
91    checkline(count)
92
93    # 累計左上方與右下方連續相同的棋子共有多少個
94    count=0
95
96    # score:往位置(row,col)的左上方累計最多5個位置
97    i=0
98    while i<=4 and row-i>=0 and col-i>=0 :
99      if gobang[row-i][col-i] != 0 and
         gobang[row-i][col-i] == gobang[row][col]:
100        count += 1
101      else :
102        break
103      i += 1
104
105    # score:往位置(row,col)的右下方累計最多4個位置
106    if count<5 :
107      i=1
108      while i<=4 and row+i<=9 and col+i<=9 and count<5 :
109        if gobang[row+i][col+i] != 0 and
           gobang[row+i][col+i] == gobang[row][col] :
110          count += 1
111        else :
112          break
```

```
113        i += 1
114    # 累計左上方與右下方連續相同的棋子共有多少個
115
116    # 檢查是否三子連線，四子連線或五子連線
117    checkline(count)
118
119    # 累計右上方與左下方連續相同的棋子共有多少個
120    count=0
121
122    # score:往位置(row,col)的右上方累計最多5個位置
123    i=0
124    while i<=4 and row-i>=0 and col+i<=9 :
125        if gobang[row-i][col+i]!=0 and
           gobang[row-i][col+i]==gobang[row][col]:
126            count += 1
127        else :
128            break
129        i += 1
130
131    # score:往位置(row,col)的左下方累計最多4個位置
132    if count<5:
133        i=1
134        while i<=4 and row+i<=9 and col-i>=0 and count<5 :
135            if gobang[row+i][col-i] != 0 and
               gobang[row+i][col-i] == gobang[row][col]:
136                count += 1
137            else :
138                break
139            i += 1
140    # 累計右上方與左下方連續共有多少個相同的棋子
141
142    # 檢查是否三子連線，四子連線或五子連線
143    checkline(count)
144
145
146 # 記錄五子棋盤每個位置(row,col)是否有棋子
```

```
147   # gobang[row][col]=0:無棋子 1:甲下的●棋子 2:乙下的○棋子
148   gobang=[[0] * 10 for i in range(10)]
149
150   who=0  # 0:表示輪到甲下棋  1:表示輪到乙下棋
151   #row,col 列,行:表示棋子要下的位置
152   display(gobang, 10)
153
154   gameover=False  # 紀錄遊戲是否結束: False:否 , True:結束
155   while (1) :
156     if who == 0 : # 甲下棋
157       print("甲:", end="")
158     else: # 乙下棋
159       print("乙:", end="")
160
161     print("輸入棋子的位置row,col",
162           "(以空白間格  0<=row<=9, 0<=col<=9):", end="")
163     data=[]
164     data=input().split() # 輸入兩個數字，存入data串列
165     if  len(data) != 2 : # 輸入的數字不是剛好兩個
166         continue
167     row=int(data[0])
168     col=int(data[1])
169     # 輸入錯誤的(row, col)位置
170     if not (row>=0 and row<=9 and col>=0 and col<=9) :
171       print("無(", row, ",", col, ")位置,重新輸入!")
172       continue
173     if gobang[row][col] != 0 :  # (row, col)位置已經有棋子了
174       print("位置(", row, ",", col, ")已經有棋子了,重新輸入!")
175       continue
176     if gobang[row][col] == 0 :
177       if who == 0 :
178         gobang[row][col]=1 #1:甲的棋
179       else :
180         gobang[row][col]=2 #2:乙的棋
181
182       display(gobang, 10)
```

183	
184	computechess(row, col)
185	
186	who += 1 # 換下一個人
187	who = who % 2 # 只有兩個人在玩，循環換人
188	else :
189	display(gobang, 10)
190	
191	if gameover :
192	break
執行 結果	請自行娛樂一下。

大學程式設計先修檢測 (APCS) 試題解析

一、程式設計觀念題

1. 下方為一個計算 n 階層的函式，請問該如何修改才會得到正確的結果？（105/3/5 第20題）

(A) 第 2 行，改為 int fac－n;

(B) 第 3 行，改為 if (n > 0) {

(C) 第 4 行，改為 fac = n * fun(n+1);

(D) 第 4 行，改為 fac = fac * fun(n-1);

```
1  def fun(n) :
2     fac = 1
3     if n >= 0 :
4        fac = n * fun(n – 1)
5
6     return fac
7
            Python語言寫法
```

```
1  int fun(int n) {
2     int fac = 1;
3     if (n >= 0) {
4        fac = n * fun(n - 1);
5     }
6     return fac;
7  }
            C語言寫法
```

解 答案：(B)

若 n=0 時，則任何 n 階層的值都會是 0。因此，必須將「n >= 0」改為「n > 0」。

2. 下方 Mystery( ) 函式 else 部分運算式應為何，才能使得 Mystery(9) 的回傳值為 34。（105/3/5 第25題）

(A) x + Mystery(x-1)

(B) x * Mystery(x-1)

(C) Mystery(x-2) + Mystery(x+2)

(D) Mystery(x-2) + Mystery(x-1)

```
1 def Mystery(x) :
2   if x <= 1 :
3     return x
4
5   else:
6     return _____
7
8
```
Python語言寫法

```
1 int Mystery(int x) {
2     if (x <= 1) {
3         return x;
4     }
5     else {
6         return _____ ;
7     }
8 }
```
C語言寫法

解 答案：(D)

(1) 若選(A)，則Mystery(9)=9+Mystery(8)=9+8+Mystery(7) =9+8+…+2+1=45

(2) 若選(B)，則Mystery(9)=9*Mystery(8)=9*8*Mystery(7) =9*8*… *2*1=9!

(3) 若選(C)，則Mystery(9)= Mystery(7) + Mystery(11)，但無法得 到Mystery(11)的結果。

(4) 若選(D)，Mystery(0)=1，Mystery(1)=1

Mystery(2)=Mystery(0)+Mystery(1)= 0 + 1=1

Mystery(3)=Mystery(2)+Mystery(1)= 1 + 1=2

Mystery(4)=Mystery(2)+Mystery(3)= 1 + 2=3

Mystery(5)=Mystery(3)+Mystery(4)= 2 + 3=5

Mystery(6)=Mystery(4)+Mystery(5)= 3 + 5=8

Mystery(7)=Mystery(5)+Mystery(6)= 5 + 8=13

Mystery(8)=Mystery(6)+Mystery(7)= 8 + 13=21

Mystery(9)=Mystery(7)+Mystery(8)=13 + 21=34

3. 下方 F( ) 函式回傳運算式該如何寫，才會使得 F(14) 的回傳值為 40？ （106/3/4 第3題）

(A) n * F(n-1)

(B) n + F(n-3)

(C) n - F(n-2)

(D) F(3n+1)

1 def Mystery(x) :
2　if x <= 1 :
3　　return x
4
5　else
6　　return _____
7
8
 	
Python語言寫法
	1 int Mystery(int x) {
	2　　if (x <= 1) {
	3　　　　return x;
	4　　}
	5　　else {
	6　　　　return _____ ;
	7　　}
	8 }
	
	C語言寫法

解 答案：(B)

(1) 若選 (A)，則 F(14)=14*F(13)=14*13*F(12)=…=14*13*…*3>40

(2) 若選 (B)，則 F(14)=14+F(11)=14+11+F(8)=…=14+11+8+5+2=40

(3) 若選 (C)，則 F(14)=14-F(12)=14-(12-F(10))=14-12+F(10) =…

=14-12+10-8+6-4+2=8。

(4) 若選 (D)，則F(14)= F(43)= F(130)=…，無法計算。

4. 下方函式兩個回傳式分別該如何撰寫，才能正確計算並回傳兩參數 a, b 之最大公因數 (Greatest Common Divisor)？（106/3/4 第4題）

(A) a, GCD(b,r)

(B) b, GCD(b,r)

(C) a, GCD(a,r)

(D) b, GCD(a,r)

```
1 def GCD(a, b) :
2
3
4    r = a % b
5    if r == 0 :
6       return ____?____
7    return ____?____
8
```
Python語言寫法

```
1 int GCD(int a, int b) {
2    int r;
3
4    r = a % b ;
5    if (r == 0)
6       return ____?____ ;
7    return ____?____ ;
8 }
```
C語言寫法

解 答案：(B)

　　(1) 程式第 5 列，若 r=0，則表示 a 整除 b，a 和 b 的最大公因數就是 b。因此，第 1 個回傳的地方要填 b。

　　(2) 若 r 不等於 0，求 a 和 b 的最大公因數與求 b 和 r 的最大公因數是一樣的結果。因此，第 2 個回傳的地方要填 GCD(b,r)。

5. 若以 B(5,2) 呼叫下方 B( ) 函式，總共會印出幾次 "base case" ？
（106/3/4 第7題）

(A) 1

(B) 5

(C) 10

(D) 19

```
1 def B(n, k) :
2    if k == 0 or k==n :
3       print("base case")
4       return 1
5
6    return B(n-1, k-1) + B(n-1, k)
7
```
Python語言寫法

```
1 int B(int n, int k) {
2    if (k == 0 || k==n) {
3       printf("base case\n");
4       return 1;
5    }
6    return B(n-1, k-1) + B(n-1, k);
7 }
```
C語言寫法

解 答案：(C)

(1)「B( )」為遞迴函式。呼叫「B(5,2)」的執行過程如下：

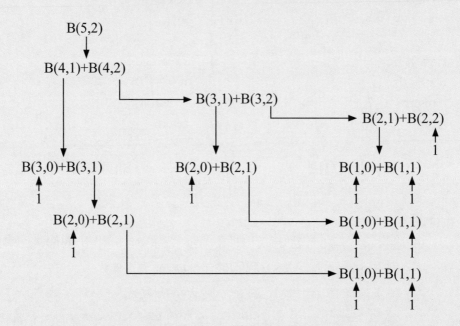

1+1+1+1+1+1+1+1+1+1=10

故總共會印出 10 次的 "base case"。

(2) 其實「B(n,k)」遞迴函式的本質，是求 n 取 k 的組合數。所以，B(5,2)=10。

6. 函數 f 定義如下，如果呼叫 f(1000)，指令 sum=sum+i 被執行的次數最接近下列何者？（105/3/5 第5題）

(A) 1000

(B) 3000

(C) 5000

(D) 10000

```
1  def f(n) :
2    sum=0
3    if n < 2 :
4      return 0
5
6    for i in range(1,n+1,1) :
7      sum = sum + i
8
9    sum = sum + f(2 * n // 3)
10   return sum
11
```
Python語言寫法

```
1  int f(int n) {
2    int sum=0;
3    if (n < 2) {
4      return 0;
5    }
6    for (int i=1 ; i<=n ; i=i+1) {
7      sum = sum + i;
8    }
9    sum = sum + f(2*n/3);
10   return sum;
11 }
```
C語言寫法

解 答案：(B)

第 1 次呼叫函數 f 時，n=1000，「sum=sum+i」執行 1000 次。

第 2 次呼叫函數 f 時，n=2*1000/3=1000*2/3=666，

「sum=sum+i」執行 666 次。

第 3 次呼叫函數 f 時，n=2*666/3=1000*(2/3)*(2/3)=444，

「sum=sum+i」執行 444 次。……以此類推，「sum=sum+i」的

執行次數共

1000+1000*2/3+1000*(2/3)*(2/3)+… (等比級數)=1000(1-

2/3)=3000(大約)

7. 給定下方 g( ) 函式，g(13) 回傳值為何？（105/3/5 第10題）

(A) 16

(B) 18

(C) 19

(D) 22

```
1  def g(a) :
2    if a > 1 :
3      return g(a - 2) + 3
4
5    return a
6
            Python語言寫法
```

```
1  int g(int a) {
2    if (a > 1) {
3      return g(a - 2) + 3;
4    }
5    return a;
6  }
            C語言寫法
```

解 答案：(C)

(1) 「g()」為遞迴函式。呼叫「g(13)」的執行過程如下：

```
        g(13)
          ↓
       g(11)+3
          ↓
        g(9)+3
          ↓
        g(7)+3
          ↓
        g(5)+3
          ↓
        g(3)+3
          ↓
        g(1)+3
          ↓
          1
```

(2) 呼叫 g(13) 後，最後回傳值為 1+3+3+3+3+3+3=19。

8. 請問以 a(13,15) 呼叫下方 a( ) 函式，函式執行完後其回傳值為何？
（105/3/5 第7題）

(A) 90

(B) 103

(C) 93

(D) 60

```
1  def a(n, m) :
2    if n < 10 :
3      if m < 10 :
4        return n + m
5
6      else :
7        return a(n, m-2) + m
8
9
10   else :
11     return a(n-1, m) + n
12
13
```
Python語言寫法

```
1   int a(int n, int m) {
2     if (n < 10) {
3       if (m < 10) {
4         return n + m ;
5       }
6       else {
7         return a(n, m-2) + m ;
8       }
9     }
10    else {
11      return a(n-1, m) + n ;
12    }
13  }
```
C語言寫法

解 答案：(B)

(1) 「a()」為遞迴函式。呼叫「a(13,15)」的執行過程如下：

$$a(13,15)$$
$$a(12,15)+13$$
$$a(11,15)+12$$
$$a(10,15)+11$$
$$a(9,15)+10$$
$$a(9,13)+15$$
$$a(9,11)+13$$
$$a(9,9)+11$$
$$9+9$$

(2) 呼叫 a(13,15) 後，最後回傳值為

18+11+13+15+10+11+12+13=103

9. 若以 F(5,2) 呼叫下方 F( ) 函式，執行完畢後回傳值為何？（106/3/4 第21題）

(A) 1

(B) 3

(C) 5

(D) 8

1 def F(x, y) : 2 if x<1 : 3 return 1 4 else: 5 return F(x -y, y)+F(x -2*y, y) 6 **Python語言寫法**	1 int F(int x, int y) { 2 if (x<1) 3 return 1; 4 else 5 return F(x -y, y)+F(x -2*y, y); 6 } **C語言寫法**

解 答案：(C)

　　「F()」為遞迴函式，呼叫「F(5,2)」的執行過程如下：

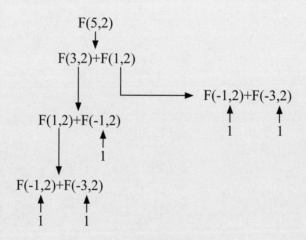

10. 下方 g(4) 函式呼叫執行後，回傳值為何？（105/3/5 第24題）

(A) 6

(B) 11

(C) 13

(D) 14

<table>
<tr><td>

```
1  def f(n) :
2    if n > 3:
3      return 1
4
5    elif n == 2:
6      return (3 + f(n+1))
7
8    else:
9      return (1 + f(n+1))
10
11
12
13  def g(n) :
14    j = 0
15    for i in range(1, n, 1) :
16        j = j + f(i)
17
18    return j
19
```

Python語言寫法

</td><td>

```
1  int f(int n) {
2    if (n > 3) {
3        return 1;
4    }
5    else if (n == 2) {
6        return (3 + f(n+1));
7    }
8    else {
9        return (1 + f(n+1));
10    }
11  }
12
13  int g(int n) {
14    int j = 0;
15    for (int i=1 ; i<=n-1 ; i=i+1) {
16        j = j + f(i);
17    }
18    return j;
19  }
```

C語言寫法

</td></tr>
</table>

解 答案：(C)

(1) 呼叫「g(4)」時，程式第 15~16 列迴圈會分別呼叫 f(1)、f(2) 及 f(3)，且「f( )」為遞迴函式。

(2) 呼叫「f(1)」的執行過程如右：

f(1)

↓

1+f(2)

↓

3+f(3)

↓

1+f(4)

↑

1

故 f(3) 為1+1=2，f(2) 為1+1+3=5，f(1) 為 1+1+3+1=6

(3) 呼叫 g(4) 執行後，最後回傳值為 2+5+6=13

11. 給定下方函式 f1( ) 及 f2( )。f1(1) 運算過程中，以下敘述何者為錯？

（105/3/5 第12題）

(A) 印出的數字最大的是 4

(B) f1 一共被呼叫二次

(C) f2 一共被呼叫三次

(D) 數字2被印出兩次

```
1  def f1(m) :
2    if m > 3 :
3      print(m)
4      return
5
6    else :
7      print(m)
8      f2(m+2)
9      print(m)
10
11
12
13 def f2( n) :
14   if n > 3 :
15     print(n)
16     return
17
18   else :
19     print(n)
20     f1(n-1)
21     print(n)
22
23
```
Python語言寫法

```
1  void f1(int m) {
2    if (m > 3) {
3      printf("%d\n", m);
4      return;
5    }
6    else {
7      printf("%d\n", m);
8      f2(m+2);
9      printf("%d\n", m);
10   }
11 }
12
13 void f2(int n) {
14   if (n > 3) {
15     printf("%d\n", n);
16     return;
17   }
18   else {
19     printf("%d\n", n);
20     f1(n-1);
21     printf("%d\n", n);
22   }
23 }
```
C語言寫法

解 答案：(C)

呼叫「f1(1)」的執行過程如下：

f1(1)

↓

輸出 1，並呼叫 f2(3)

↓

輸出 3，並呼叫 f1(2)

↓

輸出 2，並呼叫 f2(4)

↓

輸出 4

↓

輸出 2

↓

輸出 3

↓

輸出 1

12. 若以 G(100) 呼叫下方函式後，n 的值為何？（106/3/4 第10題）

(A) 25

(B) 75

(C) 150

(D) 250

Python語言寫法	C語言寫法

<pre>1 n = 0
2
3 def K(b) :
4   n = n + 1
5   if b % 4 :
6   K(b+1)
7
8 def G(m) :
9   for i in range(0,m,1) :
10   K(i)
11
12</pre>
	<pre>1 int n = 0;
	2
	3 void K(int b) {
	4 n = n + 1;
	5 if (b % 4)
	6 K(b+1);
	7 }
	8 void G(int m) {
	9 for (int i=0; i<m; i=i+1) {
	10 K(i);
	11 }
	12 }</pre>

解 答案：(D)

(1) 程式第 1 列宣告的 n 為全域變數。

(2) 程式第 4 列「if (b % 4)」的意思與「if ((b % 4) != 0)」相同。

(3) 呼叫 G(100) 時，會分別呼叫 K(0)~K(99)。

- 呼叫 K(0) 時，執行 1 次「n = n + 1」。因此，n=1。
- 呼叫 K(1) 時，執行 4 次「n = n + 1」。因此，n=5。
- 呼叫 K(2) 時，執行 3 次「n = n + 1」。因此，n=8。
- 呼叫 K(3) 時，執行 2 次「n = n + 1」。因此，n=10。
- 呼叫 K(4) 時，執行 1 次「n = n + 1」。因此，n=11。
- 呼叫 K(5) 時，執行 4 次「n = n + 1」。因此，n=15。
- 呼叫 K(6) 時，執行 3 次「n = n + 1」。因此，n=18。
- 呼叫 K(7) 時，執行 2 次「n = n + 1」。因此，n=20。
- ……，以此類推。

  呼叫 K(0)~K(99) 時，「n = n + 1」被執行的次數，分別是 1、4、3 及 2 這四個數在循環。循環一次，n 的值會增加 10，且總共循環 25 次，最後 n=10*25=250。

13. 下方程式輸出為何？（105/3/5 第14題）

(A) bar: 6

　　bar: 1

　　bar: 8

(B) bar: 6

　　foo: 1

　　bar: 3

(C) bar: 1

　　foo: 1

　　bar: 8

(D) bar: 6

　　foo: 1

　　foo: 3

```
1  def foo(i) :
2    if i <= 5 :
3      print("foo: " , i)
4
5    else :
6      bar(i - 10)
7
8
9
10 def bar(i) :
11   if i <= 10 :
12     print("bar: " , i)
13
14   else :
15     foo(i - 5)
16
17
18
19
20 foo(15106)
21 bar(3091)
22 foo(6693)
23
```
Python語言寫法

```
1  void foo(int i) {
2    if (i <= 5) {
3      printf("foo: %d\n", i);
4    }
5    else {
6      bar(i - 10);
7    }
8  }
9
10 void bar(int i) {
11   if (i <= 10) {
12     printf("bar: %d\n", i);
13   }
14   else {
15     foo(i - 5);
16   }
17 }
18
19 void main() {
20   foo(15106);
21   bar(3091);
22   foo(6693);
23 }
```
C語言寫法

解 答案：(A)

不論是先呼叫「foo( )」再呼叫「bar( )」，或先呼叫「bar( )」再呼叫「foo( )」，每經過一次循環，數值就會減15。

(1) 呼叫「foo(15106)」的執行過程如下：

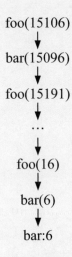

foo(15106)

↓

bar(15096)

foo(15191)

↓

…

↓

foo(16)

↓

bar(6)

bar:6

(2) 呼叫「bar(3091)」的執行過程如下：

bar(3091)

↓

foo(3086)

bar(3076)

↓

…

↓

foo(11)

↓

bar(1)

bar:1

(3) 呼叫「foo(6693)」的執行過程如下：

foo(6693)

bar(6683)

foo(6678)

…

foo(18)

bar(8)

bar:8

14. 若以 F(15) 呼叫下方 F( ) 函式，總共會印出幾行數字？（106/3/4 第14題）

(A) 16行

(B) 22行

(C) 11行

(D) 15行

1 def F(n) :
2   print(n)
3   if (n% 2 == 1) and (n > 1) :
4   return F(5*n+1)
5
6   else:
7   if n%2 == 0 :
8   return F(n // 2)
9
10
 	
Python語言寫法
	1 void F(int n) {
	2 printf("%d\n", n)
	3 if ((n% 2 == 1) && (n > 1)) {
	4 return F(5*n+1);
	5 }
	6 else {
	7 if (n%2 == 0)
	8 return F(n/2);
	9 }
	10 }
	
	C語言寫法

解 答案：(D)

　　呼叫 F(n) 時，若 n 為奇數，則輸出 n，然後再呼叫 F(5*n+1)；否則輸出 n，然後再呼叫 F(n / 2)。呼叫 F(15) 的過程如下：

(1) 呼叫 F(15) 時，會輸出 15，然後呼叫 F(5*15+1)，即 F(76)。

(2) 呼叫 F(76) 時，會輸出 76，然後呼叫 F(76/2)，即 F(38)。

(3) 呼叫 F(38) 時，會輸出 38，然後呼叫 F(38/2)，即 F(19)。

(4) 呼叫 F(19) 時，會輸出 19，然後呼叫 F(5*19+1)，即 F(96)。

(5) 呼叫 F(96) 時，會輸出 96，然後呼叫 F(96/2)，即 F(48)。

(6) 呼叫 F(48) 時，會輸出 48，然後呼叫 F(48/2)，即 F(24)。

(7) 呼叫 F(24) 時，會輸出 24，然後呼叫 F(24/2)，即 F(12)。

(8) 呼叫 F(12) 時，會輸出 12，然後呼叫 F(12/2)，即 F(6)。

(9) 呼叫 F(6) 時，會輸出 6，然後呼叫 F(6/2)，即F(3)。

(10) 呼叫 F(3) 時，會輸出 3，然後呼叫 F(5*3+1)，即 F(16)。

(11) 呼叫 F(16) 時，會輸出 16，然後呼叫 F(16/2)，即 F(8)。

(12) 呼叫 F(8) 時，會輸出 8，然後呼叫 F(8/2)，即 F(4)。

(13) 呼叫 F(4) 時，會輸出 4，然後呼叫 F(4/2)，即 F(2)。

(14) 呼叫 F(2) 時，會輸出 2，然後呼叫 F(2/2)，即 F(1)。

(15) 呼叫 F(1) 時，會輸出 1，結束 F() 函數呼叫。

總共輸出15行資料。

15. 若以 F(15) 呼叫下方 F( ) 函式，總共會印出幾行數字？（106/3/4 第14題）

```python
1  def F(n) :
2    print(n)
3    if (n% 2 == 1) and (n > 1) :
4      return F(5*n+1)
5
6    else:
7      if n%2 == 0 :
8        return F(n // 2)
9
10
        Python語言寫法
```

```c
1  void F(int n) {
2    printf("%d\n", n)
3    if ((n% 2 == 1) && (n > 1)) {
4      return F(5*n+1);
5    }
6    else {
7      if (n%2 == 0)
8        return F(n / 2);
9    }
10 }
        C語言寫法
```

(A) 16行

(B) 22行

(C) 11行

(D) 15行

解 答案：(D)

呼叫 F(n) 時，若 n 為奇數，則輸出 n，然後再呼叫 F(5*n+1)；否則輸出 n，然後再呼叫 F(n / 2)。呼叫 F(15) 的過程如下：

(16) 呼叫 F(15) 時，會輸出 15，然後呼叫 F(5*15+1)，即 F(76)。

(17) 呼叫 F(76) 時，會輸出 76，然後呼叫 F(76/2)，即 F(38)。

(18) 呼叫 F(38) 時，會輸出 38，然後呼叫 F(38/2)，即 F(19)。

(19) 呼叫 F(19) 時，會輸出 19，然後呼叫 F(5*19+1)，即 F(96)。

(20) 呼叫 F(96) 時，會輸出 96，然後呼叫 F(96/2)，即 F(48)。

(21) 呼叫 F(48) 時，會輸出 48，然後呼叫 F(48/2)，即 F(24)。

(22) 呼叫 F(24) 時，會輸出 24，然後呼叫 F(24/2)，即 F(12)。

(23) 呼叫 F(12) 時，會輸出 12，然後呼叫 F(12/2)，即 F(6)。

(24) 呼叫 F(6) 時，會輸出 6，然後呼叫 F(6/2)，即 F(3)。

(25) 呼叫 F(3) 時，會輸出 3，然後呼叫 F(5*3+1)，即 F(16)

(26) 呼叫 F(16) 時，會輸出 16，然後呼叫 F(16/2)，即 F(8)

(27) 呼叫 F(8) 時，會輸出 8，然後呼叫 F(8/2)，即 F(4)

(28) 呼叫 F(4) 時，會輸出 4，然後呼叫 F(4/2)，即 F(2)

(29) 呼叫 F(2) 時，會輸出 2，然後呼叫 F(2/2)，即 F(1)

(30) 呼叫 F(1) 時，會輸出 1，結束 F() 函數呼叫。

總共輸出15行資料。

16. 給定函式 A1( )、A2( ) 與 F( ) 如下，以下敘述何者有誤？（106/3/4 第 2題）

(A) A1(5) 印的 '*' 個數比 A2(5) 多

(B) A1(13) 印的 '*' 個數比 A2(13) 多

(C) A2(14) 印的 '*' 個數比 A1(14) 多

(D) A2(15) 印的 '*' 個數比 A1(15) 多

```
1  def A1(n) :
2    F(n // 5)
3    F(4 * n // 5)
4
            Python語言寫法
```

```
1  def A2(n) :
2    F(2 * n // 5)
3    F(3 * n // 5)
4
            Python語言寫法
```

```
1  def F(x) :
2
3    for i in range(0, x, 1):
4      print("*")
5    if x>1 :
6      F(x // 2)
7      F(x // 2)
8
9
            Python語言寫法
```

```
1  void A1(int n) {
2    F(n/5);
3    F(4*n/5);
4  }
            C語言寫法
```

```
1  void A2(int n) {
2    F(2*n/5);
3    F(3*n/5);
4  }
            C語言寫法
```

```
1  void F(int x) {
2    int i;
3    for (i=0; i<x; i=i+1)
4      printf("*");
5    if (x>1) {
6      F(x/2);
7      F(x/2);
8    }
9  }
            C語言寫法
```

解 答案：(D)

(1) (A)

呼叫 A1(5) 時，會呼叫 F(1) 及 F(4)。

- **呼叫 F(1) 時，輸出 1 個 '*'。**
- 呼叫 F(4) 時，輸出 4 個 '*'，並呼叫 F(2) 及 F(2)。
  - ➤ 呼叫 F(2) 時，輸出 2 個 '*'，並呼叫 F(1) 及 F(1)。
  - ➤ 呼叫 F(1) 時，輸出 1 個 '*'。

  可歸納出：**呼叫 F(2)，共輸出 2+1+1=4 個 '*'，**

  呼叫 F(4)，共輸出 4+2*(2+1+1)=12 個 '*'。

因此，**呼叫 A1(5)，共輸出 1+12=13 個 '*'。**

呼叫 A2(5) 時，會呼叫 F(2) 及 F(3)。

- 呼叫 F(2) 時，共輸出 4 個 '*'。
- 呼叫 F(3) 時，輸出 3 個 '*'，並呼叫 F(1) 及 F(1)。
  - ➤ 呼叫 F(1) 時，輸出 1 個 '*'。

  可歸納出：**呼叫 F(3)，共輸出 3+1+1=5 個 '*'。**

因此，**呼叫 A2(5) 時，共輸出 4+5=9 個 '*'。**

(2) (B)

呼叫 A1(13) 時，會呼叫 F(2) 及 F(10)。

- 呼叫 F(2) 時，共輸出 4 個 '*'。
- 呼叫 F(10) 時，輸出 10 個 '*'，並呼叫 F(5) 及 F(5)。
  - ➤ 呼叫 F(5) 時，輸出 5 個 '*'，並呼叫 F(2) 及 F(2)。

  可歸納出：**呼叫 F(5)，共輸出 5+2*4=13 個 '*'，**

  呼叫 F(10)，共輸出 10+2*13=36 個 '*'。

因此，**呼叫 A1(13)，共輸出 4+36=40 個 '*'。**

呼叫 A2(13) 時，會呼叫 F(5) 及 F(7)。

- 呼叫 F(5)時，共輸出 13 個 '*'。
- 呼叫 F(7)時，輸出 7 個 '*'，並呼叫 F(3) 及 F(3)。

> ➢ 呼叫 F(3) 時，輸出 5 個 '*'。

可歸納出：**呼叫 F(7)，共輸出 7+2*5=17 個 '*'**。

因此，**呼叫 A1(13)，共輸出 13+17=30 個 '*'**。

(3) (C)

呼叫 A1(14) 時，會呼叫 F(2) 及 F(11)。

- 呼叫 F(2) 時，共輸出 4 個 '*'。

- 呼叫 F(11) 時，輸出 11 個 '*'，並呼叫 F(5) 及 F(5)。

> ➢ 呼叫 F(5) 時，輸出 13 個 '*'。

可歸納出：**呼叫 F(11)，共輸出 11+2*13=37 個 '*'**。

因此，**呼叫 A1(14)，共輸出 4+37=41 個 '*'**。

呼叫 A2(14) 時，會呼叫 F(5) 及 F(8)。

- 呼叫 F(5) 時，共輸出 13 個 '*'。

- 呼叫 F(8) 時，輸出 8 個 '*'，並呼叫 F(4) 及 F(4)。

> ➢ 呼叫 F(4) 時，輸出 12 個 '*'。

可歸納出：**呼叫 F(8)，共輸出 8+2*12=32 個 '*'**。

因此，**呼叫 A2(14)，共輸出 13+32=45 個 '*'**。

(4) (D)

呼叫 A1(15) 時，會呼叫 F(3) 及 F(12)。

- 呼叫 F(3) 時，共輸出 5 個 '*'。

- 呼叫 F(12) 時，輸出 12 個 '*'，並呼叫 F(6) 及 F(6)。

> ➢ 呼叫 F(6) 時，輸出 6 個 '*'，並呼叫 F(3) 及 F(3)。

可歸納出：**呼叫 F(6)，共輸出 6+2*5=16 個 '*'**，

呼叫 F(12)，共輸出 12+2*16=44 個 '*'。

因此，**呼叫 A1(15)，共輸出 5+44=49 個 '*'**。

呼叫 A2(15) 時，會呼叫 F(6) 及 F(9)。

- 呼叫 F(6) 時，共輸出 16 個 '*'。

- 呼叫 F(9) 時,輸出 9 個 '*',並呼叫 F(4) 及 F(4)。

  ➤ 呼叫 F(4) 時,輸出 12 個 '*'。

  可歸納出:呼叫 **F(9)**,共輸出 **9+2*12=33** 個 '*'。

  因此,呼叫 **A2(15)**,共輸出 **16+33=49** 個 '*'。

17. 下方函式以 F(7) 呼叫後回傳值為 12,則 <condition> 應為何?
   (105/10/29 第6題)

   (A) a < 3

   (B) a < 2

   (C) a < 1

   (D) a < 0

```
1  def F(a) :
2    if <condition> :
3      return 1
4    else:
5      return F(a -2) + F(a -3)
6
           Python語言寫法
```

```
1  int F(int a) {
2    if ( <condition> )
3      return 1;
4    else
5      return F(a -2) + F(a -3);
6  }
           C語言寫法
```

解 答案:(D)

   (1) 若 if 的條件判斷式為「a < 3」,則呼叫 F(7) 後,會再呼叫
      F(5)+F(4):

      - 呼叫 F(5) 後,會再呼叫 F(3)+F(2):

        ➤ 呼叫 F(3) 後,會再呼叫 F(1)+F(0),並分別回傳 1 及 1。

        ➤ 呼叫 F(2) 後,會回傳 1。

      - 呼叫 F(4) 後,會再呼叫 F(2)+F(1),並分別回傳 1 及 1。

        因此,呼叫 F(7) 後,回傳值為 5(=1+1+1+1+1)。

   (2) 若 if 的條件判斷式為「a < 2」,則呼叫 F(7) 後,會再呼叫
      F(5)+F(4)。

      - 呼叫 F(5) 後,會再呼叫 F(3)+F(2):

> ➤ 呼叫 F(3) 後，會再呼叫 F(1)+F(0)，並分別回傳 1 及 1。
> ➤ 呼叫 F(2) 後，會再呼叫 F(0)+F(-1)，並分別回傳 1 及 1。
- 呼叫 F(4) 後，會再呼叫 F(2)+F(1)：
> ➤ 呼叫 F(2) 後，會再呼叫 F(0)+F(-1)，並分別回傳 1 及 1。
> ➤ 呼叫 F(1) 後，會再回傳 1。

因此，呼叫 F(7) 後，回傳值為 7(=1+1+1+1+1+1+1)。

(3) 若 if 的條件判斷式為「a < 1」，則呼叫 F(7) 後，會再呼叫 F(5)+F(4)。

- 呼叫 F(5) 後，會再呼叫 F(3)+F(2)：
> ➤ 呼叫 F(3) 後，會再呼叫 F(1)+F(0)：
> > ◇ 呼叫 F(1) 後，會再呼叫 F(-1)+F(-2)，並分別回傳 1 及 1。
> > ◇ 呼叫 F(0) 後，會回傳 1。
> ➤ 呼叫 F(2) 後，會再呼叫 F(0)+F(-1)，並分別回傳 1 及 1。
- 呼叫 F(4) 後，會再呼叫 F(2)+F(1)：
> ➤ 呼叫 F(2) 後，會再呼叫 F(0)+F(-1)，並分別回傳 1 及 1。
> ➤ 呼叫 F(1) 後，會再呼叫 F(-1)+F(-2)，並分別回傳 1 及 1。

因此，呼叫 F(7) 後，回傳值為 9(=1+1+1+1+1+1+1+1+1)。

(4) 若 if 的條件判斷式為「a < 0」，則呼叫 F(7) 後，會再呼叫 F(5)+F(4)。

- 呼叫 F(5) 後，會再呼叫 F(3)+F(2)：
> ➤ 呼叫 F(3) 後，會再呼叫 F(1)+F(0)：
> > ◇ 呼叫 F(1) 後，會再呼叫 F(-1)+F(-2)，並分別回傳 1 及 1。
> > ◇ 呼叫 F(0) 後，會再呼叫 F(-2)+F(-3)，並分別回傳 1 及 1。
> ➤ 呼叫 F(2) 後，會再呼叫 F(0)+F(-1)：

◇ 呼叫 F(0) 後，會再呼叫 F(-2)+F(-3)，並分別回傳 1 及 1。

◇ 呼叫 F(-1) 後，會回傳 1。

- 呼叫 F(4) 後，會再呼叫 F(2)+F(1)：

  ➢ 呼叫 F(2) 後，會再呼叫 F(0)+F(-1)：

  ◇ 呼叫 F(0) 後，會再呼叫 F(-2)+F(-3)，並分別回傳 1 及 1。

  ◇ 呼叫 F(-1) 後，會回傳 1。

  ➢ 呼叫 F(1) 後，會再呼叫 F(-1)+F(-2)，並分別回傳 1 及 1。

因此，呼叫 F(7) 後，回傳值為 12(=1+1+1+1+1+1+1+1+1+1+1+1)。

18. 給定下方 G( ) 函式，執行 G(1) 後所輸出的值為何？（105/10/29 第18題）

(A) 1 2 3

(B) 1 2 3 2 1

(C) 1 2 3 3 2 1

(D) 以上皆非

```
1  def G(a) :
2    print(a, end="")
3    if a >= 3 :
4      return
5    else :
6      G(a+1)
7    print(a)
8
          Python語言寫法
```

```
1  void G(int a){
2    printf("%d ", a);
3    if (a >= 3)
4      return;
5    else
6      G(a+1);
7    printf("%d ", a);
8  }
          C語言寫法
```

解 答案：(B)

(1) 呼叫 G(1) 後，會輸出「1」，再呼叫 G(2)。

(2) 呼叫 G(2) 後，會輸出「2」，再呼叫 G(3)。

(3) 呼叫 G(3) 後，會輸出「3」，再輸出「2」，最後輸出「1」。

19. 給定下方 G( )，K( ) 兩函式，執行 G(3) 後所回傳的值為何？

（105/10/29 第3題）

(A) 5

(B) 12

(C) 14

(D) 15

```
1  def K(a, n) :
2    if n >= 0 :
3      return (K(a, n-1) + a[n])
4    else:
5      return 0
6
7
8  def G(n) :
9    a = [5, 4, 3, 2, 1]
10   return K(a, n)
11
```
Python語言寫法

```
1  int K(int a[ ], int n) {
2    if (n >= 0)
3      return (K(a, n-1) + a[n]);
4    else
5      return 0;
6  }
7
8  int G(int n) {
9    int a[ ] = {5, 4, 3, 2, 1};
10   return K(a, n);
11 }
```
C語言寫法

解 答案：(C)

(1) 呼叫「G(3)」時，會再呼叫 K(a, 3) 且「K( )」為遞迴函式。

(2) 呼叫「K(a, 3)」的執行過程如右：

故執行 G(3) 後所回傳的值為

0+a[0]+a[1]+a[2]+a[3]=9。

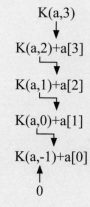

K(a,3)
↓
K(a,2)+a[3]
↓
K(a,1)+a[2]
↓
K(a,0)+a[1]
↓
K(a,-1)+a[0]
↓
0

20. 給下方 G( ) 為遞迴函式，G(3, 7) 執行後回傳值為何？（105/10/29 第
24題）

(A) 128

(B) 2187

(C) 6561

(D) 1024

1　def G(a, x) : 2　　if x == 0 : 3　　　return 1 4　　else : 5　　　return (a * G(a, x - 1)) 6 　　　**Python語言寫法**	1　int G(int a, int x) { 2　　if (x == 0) 3　　　return 1; 4　　else 5　　　return (a * G(a, x - 1)); 6　} 　　　**C語言寫法**

解 答案：(B)

(1) 呼叫 G(3, 7) 時，會依序再呼叫 G(3, 6)、G(3, 5)、G(3, 4)、
G(3, 3)、G(3, 2)、G(3, 1) 及 G(3, 0)。呼叫 G(3, 0) 時，會回傳
1。

(2) 因此，呼叫 G(3, 7) 時，會回傳 1*3*3*3*3*3*3*3=2187。

21. 下方函式若以 search(1, 10, 3) 呼叫時，search函式總共會被執行幾
次？（105/10/29 第25題）

(A) 2

(B) 3

(C) 4

(D) 5

<table>
<tr><td>

```
1  def search(x, y, z) :
2    if x < y :
3      t = math.ceil((x + y) // 2)
4      if z >= t :
5        search(t, y, z)
6      else:
7        search(x, t - 1, z)
8
9
```

</td><td>

```
1  void search(int x, int y, int z) {
2    if (x < y) {
3      t = ceiling((x + y)/2);
4      if (z >= t)
5        search(t, y, z);
6      else
7        search(x, t - 1, z);
8    }
9  }
```

</td></tr>
</table>

註：math.ceil() 為無條件進位至整數。
例如 math.ceil(3.1)=4, math.ceil(3.9)=4。

Python語言寫法

註：ceiling() 為無條件進位至整數。
例如 ceiling(3.1)=4, ceiling(3.9)=4。

C語言寫法

解 答案：(C)

呼叫 search(1, 10, 3) 後，會依序再呼叫 search(1, 5, 3)、search(3, 5, 3) 及 search(3, 3, 3)。故 search 函式總共會被執行 4 次。

22. 下方 G( ) 應為一支遞迴函式，已知當 a 固定為 2，不同的變數 x 值會有不同的回傳值如下表所示。請找出 G( ) 函式中 (a) 處的計算式該為何？（105/10/29 第21題）

a 值	x 值	G(a, x) 回傳
2	0	1
2	1	6
2	2	36
2	3	216
2	4	1296
2	5	7776

(A) ((2*a)+2) * G(a, x - 1)

(B) (a+5) * G(a -1, x - 1)

(C) ((3*a) -1) * G(a, x - 1)

(D) (a+6) * G(a, x - 1)

```
1  def G(a, x) :
2    if x == 0 :
3      return 1
4    else :
5      return ____(a)____
6
         Python語言寫法
```

```
1  int G(a, x) {
2    if (x == 0)
3      return 1;
4    else
5      return ____(a)____ ;
6  }
         C語言寫法
```

解 答案：(A)

因 a=2，故 ((2*a)+2) =6，(a+5) =7，((3*a) -1)=5及(a+6)=8。

G(a, x) 的回傳值都可寫成 6^n，n>=0。

由 (1) 及 (2) 的說明可知，(a) 處的計算式應為 ((2*a)+2) * G(a, x - 1)。

23. 下方主程式執行完三次 G( ) 的呼叫後，p 陣列中有幾個元素的值為 0？（105/10/29 第10題）

(A) 1

(B) 2

(C) 3

(D) 4

```
1  def K(p, v) :
2    if p[v] != v :
3      p[v] = K(p, p[v])
4
5    return p[v]
6
7
8  def G(p, l, r) :
9    a=K(p, l)
10   b=K(p, r)
11   if a != b :
```

```
1  int K(int p[ ], int v) {
2    if (p[v] != v) {
3      p[v] = K(p, p[v]);
4    }
5    return p[v];
6  }
7
8  void G(int p[ ], int l, int r) {
9    int a=K(p, l), b=K(p, r);
10   if (a != b) {
11     p[b] = a;
```

```
12      p[b] = a
13
14
15
16  p=[0, 1, 2, 3, 4]
17  G(p, 0, 1)
18  G(p, 2, 4)
19  G(p, 0, 4)
20  return 0
21
```
Python語言寫法

```
12    }
13  }
14
15  int main(void) {
16    int p[5]={0, 1, 2, 3, 4};
17    G(p, 0, 1);
18    G(p, 2, 4);
19    G(p, 0, 4);
20    return 0;
21  }
```
C語言寫法

解 答案：(C)

函式「G(int p[ ], int l, int r)」的目的，是將 p[r] 設成 p[l] 的內容。
因此，呼叫「G(p, 0, 1)」後，p[1]=p[0]=0；呼叫「G(p, 2, 4)」
後，p[4]=p[2]=2；呼叫「G(p, 0, 4)」後，p[4]=p[0]=0。最後 p 陣
列中有 3 個元素的值為 0，分別為 p[0]=0、p[1]=0 及 p[4]=0。

Chapter 10
資料結構

Python

資料 (Data) 是自然產生且未經過處理的數據，例如大學入學學科能力測驗（簡稱學測）的原始成績。而資訊 (Information) 則是資料經過處理後的結果，例如各級分的人數及分布圖。如何將原始資料有系統、有組織地存入電腦以提升程式之執行效率，是學習資料結構的主要目的。一支程式若能運用適當的資料結構來儲存資料，則能有效節省儲存空間及加快資料的處理速度。學習者對資料結構的認識程度，對往後在軟硬體發展上有相當深遠的影響。

♥ 10-1　資料結構

資料結構 (Data Structure) 主要在探討如何將資料有系統地存入電腦中，以提升程式之執行效率的一種技術。使用適當的資料結構來儲存資料及有效率的資料處理方法，才能提高程式的執行效率。以下以兩個簡單的範例，來說明同一個問題，使用不同的資料結構來儲存資料的差異性。

> 「範例1」的程式碼，是建立在「D:\Python程式範例\ch10」資料夾中的「範例1.py」。以此類推，「範例4」的程式碼，是建立在「D:\Python 程式範例\ch10」資料夾中的「範例4. py」。

範例 1	寫一程式，輸入一星期每天的花費，輸出總花費。（以一般變數儲存資料）
1	w1=int(input("輸入第1天的花費:"))
2	w2=int(input("輸入第2天的花費:"))
3	w3=int(input("輸入第3天的花費:"))
4	w4=int(input("輸入第4天的花費:"))
5	w5=int(input("輸入第5天的花費:"))
6	w6=int(input("輸入第6天的花費:"))
7	w7=int(input("輸入第7天的花費:"))
8	total = w1 + w2 + w3 + w4 + w5 + w6 + w7
9	print("一星期總花費:", total)

執行 結果	輸入第1天的花費:10 輸入第2天的花費:20 輸入第3天的花費:30 輸入第4天的花費:40 輸入第5天的花費:50 輸入第6天的花費:60 輸入第7天的花費:70 一星期總花費: 280

範例 2	寫一程式，輸入一星期每天的花費，輸出總花費。（以串列變數儲存資料）
1 2 3 4 5 6 7	w=[0 for I in range(7)] total = 0 for i in range(7) : 　print("輸入第 ", (i+1), "天的花費:", end="") 　w[i]=int(input()) 　total = total + w[i] print("一星期總花費:", total)
執行 結果	輸入第1天的花費:10 輸入第2天的花費:20 輸入第3天的花費:30 輸入第4天的花費:40 輸入第5天的花費:50 輸入第6天的花費:60 輸入第7天的花費:70 一星期總花費: 280

　　在「範例1」程式中，是使用七個一般變數來儲存一星期每天的花費，輸入資料後再做加總。而在「範例2」程式中，則是使用擁有七個元素的一維串列變數來儲存一星期每天的花費，並運用「for」迴路來輸入資料與加總。從兩支程式的寫法，可以了解不同資料儲存方式，程式處理資料的方式就有所差異。不同的資料結構設計，將會影響程式的設計方式與執行效率。

以下介紹基本的資料結構，包括串列（見第七章）、堆疊、佇列及樹狀結構。

💜 10-2　堆疊 (Stack) 及佇列 (Queue)

堆疊，是一種先進後出 (FILO: First-In, Last-Out) 的有序線性資料結構。物品堆放事件是日常生活中常見的堆疊應用，最後放置的物品優先被取用。而編輯器中的「復原」功能、網頁瀏覽器中的「回到前一頁」功能、函式的呼叫與返回等，則是電腦系統中常見的堆疊應用，先將之前的狀態「記錄」下來，以備「回復」到先前的狀態。

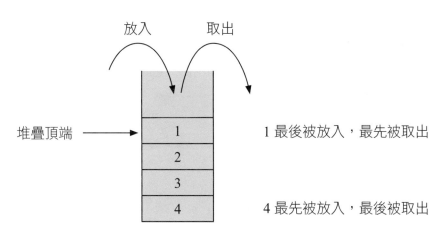

圖 10-1　堆疊示意圖

堆疊容器只有一個出入口，資料的存入或取出都透過此出入口。將新的資料存入堆疊中的動作，稱之為放入 (Push)。存入新的資料後，堆疊容器的大小會加 1。從堆疊容器中刪除資料的動作，稱之為取出 (Pop)。取出資料後，堆疊容器的大小會減 1。無論是存入或取出資料，都是以堆疊容器的頂端位置為基準。若堆疊容器是空的，則無資料可取出的；若堆疊容器已滿，則無法再存入資料。

範例 3	寫一程式，運用遞迴概念，自訂一個有回傳值的函式sum，輸出1+2+3+4之和。

1	def sum(n) :
2	if (n > 1) :
3	return n + sum(n-1)
4	else :
5	return 1
6	
7	totalsum=sum(4)
8	print("totalsum = ", totalsum)
執行 結果	totalsum = 10

[程式說明]

- 呼叫sum(4)的過程如下:

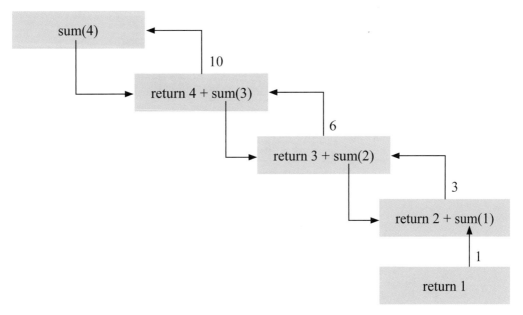

圖 10-2 遞迴求解 1+2+3+4 之示意圖

- 執行「totalsum=sum(4)」時,堆疊 (stack) 中的資料演進如下:

  (1) 呼叫函式 sum(4) 時,會將 sum(4) 所在的敘述位址儲存到堆疊中。

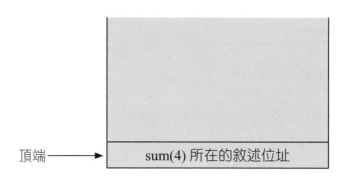

頂端　⟶　sum(4) 所在的敘述位址

圖 10-3　堆疊資料示意圖

(2) 然後呼叫函式 sum(3) 時，會將 sum(3) 所在的敘述位址儲存到堆疊中。

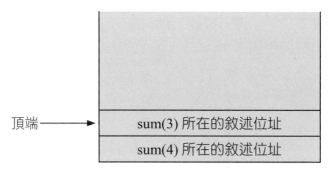

頂端　⟶　sum(3) 所在的敘述位址

sum(4) 所在的敘述位址

圖 10-4　堆疊資料示意圖

(3) 接著呼叫函式 sum(2) 時，會將 sum(2) 所在的敘述位址儲存到堆疊中。

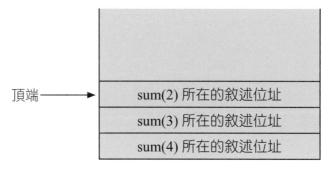

頂端　⟶　sum(2) 所在的敘述位址

sum(3) 所在的敘述位址

sum(4) 所在的敘述位址

圖 10-5　堆疊資料示意圖

(4) 最後呼叫函式 sum(1) 時，會將 sum(1) 所在的敘述位址儲存到堆疊中。

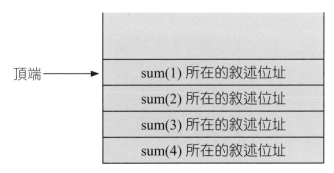

頂端

sum(1) 所在的敘述位址
sum(2) 所在的敘述位址
sum(3) 所在的敘述位址
sum(4) 所在的敘述位址

圖 10-6　堆疊資料示意圖

(5) 執行「return 1」時，會回傳 1 給「sum(1)」，並從堆疊中取出「sum(1) 所在的敘述位址」。

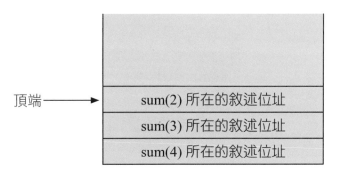

頂端

sum(2) 所在的敘述位址
sum(3) 所在的敘述位址
sum(4) 所在的敘述位址

圖 10-7　堆疊資料示意圖

(6) 然後計算「2+1」的結果給「sum(2)」，並從堆疊中取出「sum(2) 所在的敘述位址」。

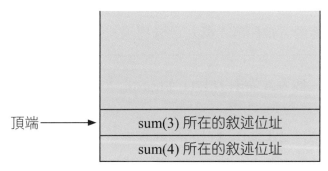

頂端

sum(3) 所在的敘述位址
sum(4) 所在的敘述位址

圖 10-8　堆疊資料示意圖

(7) 接著計算「3+3」的結果給「sum(3)」，並從堆疊中取出「sum(3) 所在的敘述位址」。

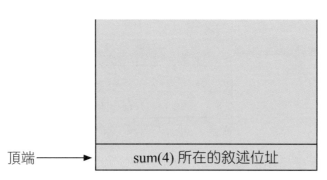

圖 10-9　堆疊資料示意圖

(8) 最後計算「4+6」的結果給「sum(4)」，並從堆疊中取出「sum(4) 所在的敘述位址」。

圖 10-10　堆疊資料示意圖

(9) 最後 totalsum=10。

- 其他相關範例，請參考「第九章遞迴函式」的「範例10」。

佇列，是一種先進先出 (FIFO: First-In, First-Out) 的有序線性資料結構。

排隊事件是日常生活中常見的佇列應用，先排隊的人先被服務。而列印多份報表、讀取多張卡片等事件，則是電腦系統中常見的佇列應用，排在前頭的先被處理。

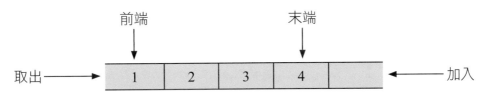

圖 10-11 佇列示意圖

　　佇列容器有一個 (末端: Rear) 入口及一個 (前端:Front) 出口，資料的存入是透過入口，資料的取出則是透過出口。存入新的資料後，佇列容器的大小會加 1，末端索引值要加 1。從佇列容器中取出資料後，佇列容器的大小會減 1，前端索引值要加 1。若佇列容器是空的，則無資料可取出的；若佇列容器已滿，則無法再加入資料。

10-3　樹 (Tree)

　　由一個（含）以上的節點所組成的有限集合，稱之為樹。這個有限集合之所以被稱為樹，主要是它的呈現方式像一棵樹，但它是一棵樹根在上、樹葉在下的倒樹。

　　樹狀結構是一種階層式的資料結構，主要的作用是模擬真實世界中的樹幹和樹枝之樣貌。在生活中，常用的樹狀結構應用有族譜架構、企業組織架構等。

　　樹狀結構的基本術語：

- 節點 (node)：代表某一個資料項。例如「圖10-12」中的每一個成員，代表不同的節點。
- 父節點 (parent)：某節點的上一個節點，稱為該節點的父節點。例如「圖10-12」中的「孫女」節點的父節點為「兒子」。
- 子節點 (child)：沒有父節點的節點，稱為子節點。例如「圖10-12」中的「堂兒」節點為子節點。
- 根節點 (root)：樹狀結構最上層的節點，稱為根節點。例如「圖10-12」中的「祖父」節點為此樹狀結構的根節點。

- 葉節點 (leaf)：沒有下一個節點的節點，稱為葉節點。例如「圖10-12」中的「女兒」節點為葉節點。
- 階度 (level)：代表節點所在階層位置。根節點的階度為 1，根節點的子節點之階度為 2，……以此類推。
- 高度 (height)：樹中所有節點的階度之最大值，稱為樹狀結構的高度或深度。例如「圖10-12」樹狀結構的「高度」為 4。

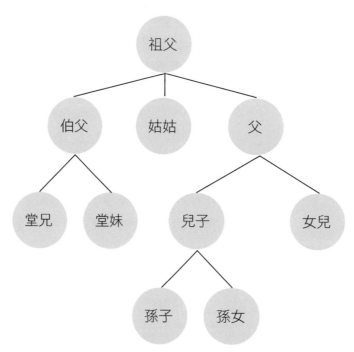

圖 10-12　族譜樹狀圖

樹狀結構的特徵如下：

- 根節點只有一個。
- 除了根節點外，其他每一個節點都恰有一個父節點。
- 每個節點的子節點個數，都是有限的且大於或等於0。
- 樹中的節點必須相連且不能形成迴路。

範例 4

問題描述（106/10/28 第3題樹狀圖分析）

本題是關於有根樹 (rooted tree)。在一棵 n 個節點的有根樹中，每個節點都是以 1~n 的不同數字來編號，描述一棵有根樹必須定義節點與節點之間的親子關係。一棵有根樹恰有一個節點沒有父節點 (parent)，此節點被稱為根節點 (root)，除了根節點以外的每一個節點都恰有一個父節點，而每個節點被稱為是它父節點的子節點 (child)，有些節點沒有子節點，這些節點稱為葉節點 (leaf)。在當有根樹只有一個節點時，這個節點既是根節點同時也是葉節點。

在圖形表示上，我們將父節點畫在子節點之上，中間畫一條邊 (edge) 連結。例如：圖一中表示的是一棵 9 個節點的有根樹，其中，節點 1 為節點 6 的父節點，而節點 6 為節點 1 的子節點；又 5、3 與 8 都是 2 的子節點。節點 4 沒有父節點，所以節點 4 是根節點；而 6、9、3 與 8 都是葉節點。

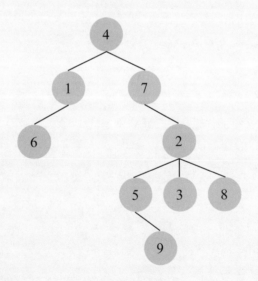

圖一

樹狀圖中的兩個節點 u 和 v 之間的距離 d(u,v) 定義為兩節點之間邊的數量。如圖一中，d(7, 5) = 2，而 d(1, 2) = 3。對於樹狀圖中的節點v，我們以h(v)代表節點v的高度，其定義是節點v和節點v下面最遠的葉節點之間的距離，而葉節點的高度定義為0。如圖一中，節點6的高度為0，節點2的高度為2，而節點4的高度為4。此外，我們定義H(T)為T中所有節點的高度總和，也就是說H(T) = $\sum v_{\in} T\ h(v)$。給定一個樹狀圖T，請找出T的根節點以及高度總和H(T)。

輸入格式

第一行有一個正整數 n 代表樹狀圖的節點個數，節點的編號為 1 到 n。接下來有 n 行，第 i 行的第一個數字 k 代表節點 i 有 k 個子節點，第 i 行接下來的 k 個數字就是這些子節點的編號。每一行的相鄰數字間以空白隔開。

輸出格式

輸出兩行各含一個整數，第一行是根節點的編號，第二行是H(T)。

範例一：輸入	範例二：輸入
7	9
0	1 6
2 6 7	3 5 3 8
2 1 4	0
0	2 1 7
2 3 2	1 9
0	0
0	1 2
	0
	0

範例一：正確輸出	範例二：正確輸出
5	4
4	11

評分說明：

輸入包含若干筆測試資料，每一筆測試資料的執行時間限制 (time limit) 均為 1 秒，依正確通過測資筆數給分。測資範圍如下，其中 k 是每個節點的子節點數量上限：

第 1 子題組 10 分，$1 \leq n \leq 4, k \leq 3$, 除了根節點之外都是葉節點。

第 2 子題組 30 分，$1 \leq n \leq 1{,}000, k \leq 3$。

第 3 子題組 30 分，$1 \leq n \leq 100{,}000, k \leq 3$。

第 4 子題組 30 分，$1 \leq n \leq 100{,}000$, k 無限制。

提示：輸入的資料是給每個節點的子節點有哪些或沒有子節點，因此，可以根據定義找出根節點。關於節點高度的計算，我們根據定義可以找出以下遞迴關係式：(1)葉節點的高度為 0；(2)如果 v 不是葉節點，則 v 的高度是它所有子節點的最大高度加一。也就是說，假設 v 的子節點有 a, b 與 c，則 h(v)=max{ h(a), h(b), h(c) }+1。以遞迴方式可以計算出所有節點的高度。

```
1   parent=[ 0 for i in range(100001) ] # parent[i]:記錄節點i的父節點
2   height=[ 0 for i in range(100001) ] # height[i]:記錄節點i的高(或深)度
3   childnum=[ 0 for i in range(100001) ] # childnum[i]:記錄節點i的子節點個數
4   leafqueue=[ 0 for i in range(100001) ] # 記錄葉節點的代號
5
6   k=[ ] # k串列用來紀錄個別節點的子節點個數及子節點
7   # 例: k=[3 5 3 8],代表某個節點的子節點個數=3,且它的子節點分別為5,3及8
8
9   # node :節點代號
10  # child :子節點代號
11
12  j=0
13  n=int(input()) # n:節點數
14  for node in range(1, n+1, 1) : # 節點node從1~n
15    k=input().split() # 輸入節點node的子節點個數k及子節點編號
16    for i in range(0, len(k), 1) :
17      k[i]=int(k[i])
18
19    if (k[0] == 0) : # 表示節點node為葉節點
20      # 將葉節點node,存入葉節點串列leafqueue中
21      leafqueue[j]=node
22      j += 1
23      height[node]=0  # 設定葉節點node的高度為0
24    else :
25      childnum[node]=k[0] # 設定節點node的子節點個數為k[0]個
26      for i in range(1, k[0]+1, 1) :
27        child=k[i]
28        parent[child]=node # 設定子節點child的父節點為node
29
30  nodeheightsum=0 # 所有節點的高度總和
```

```
31    numofleafnode=j  # 葉節點串列leafqueue中的葉節點個數
32    # 葉節點串列leafqueue中的第1個葉節點的索引值
33    topofleafnode=0
34
35    # 葉節點串列leafqueue中的最後一個葉節點的索引值
36    bottomofleafnode=numofleafnode-1
37
38    while (numofleafnode > 0) :
39        # 取出葉節點串列leafqueue的第1個葉節點
40        node = leafqueue[topofleafnode]
41
42        # 取出葉節點後,
43        # 將葉節點串列leafqueue中的最1個葉節點的索引值往後移一個
44        topofleafnode += 1
45
46        # 取出葉節點後,將葉節點的總數要減1
47        numofleafnode -= 1
48
49        # 父節點parent[node]的高度
50        #   = (它所有葉節點node的高度最大值) + 1
51        if (height[parent[node]] < height[node]+1) :
52            height[parent[node]]=height[node]+1
53
54        # 從葉節點串列leafqueue中取出葉節點後,
55        # 將節點node的父節點parent[node]之子節點個數減1
56        childnum[parent[node]] -= 1
57
58        # 若節點node的父節點parent[node]的所有子節點都被取出後
59        # 則可將父節點parent[node]當作葉節點
60        if (childnum[parent[node]] == 0) :
61            # 將葉節點串列leafqueue中的最後一個葉節點的索引值加1,
62            # 則新加入的葉節點會記錄在新的bottomofleafnode索引位置
63            bottomofleafnode += 1
64
65            # 將節點node的父節點parent[node],
66            # 加入葉節點串列leafqueue中
```

67	leafqueue[bottomofleafnode] = parent[node]
68	
69	# 加入葉節點後,將葉節點的總數要加1
70	numofleafnode += 1
71	
72	# 最後從葉節點串列leafqueue取出的葉節點就是根結點
73	print(node)
74	
75	# 計算n個節點的高度總和
76	for i in range(1, n+1, 1) :
77	nodeheightsum += height[i]
78	
79	print(nodeheightsum)
執行 結果	9 1 6 3 5 3 8 0 2 1 7 1 9 0 1 2 0 0 4 11

[程式說明]

根據題目的提示:

(1) 葉節點的高度為 0;

(2) 若 v 不是葉節點,則 v 的高度是它所有子節點的最大高度加 1。

要計算每一個節點的高度,可由最下方的葉節點往最上方的根節點逐一進行。若某個父節點逐一與其下方的葉節點高度加一比較後,則父節點的高度就計算完成。當某個父節點的高度計算完成後,則可將其下方的葉節點視為無存在，且可視此父節點為新的葉節點，並繼續往上計算其父節點的高度。以此類推，根節點的高度是最後被計算的，最後從葉節點串列「leafqueue」取出的葉節點就是根節點。

國家圖書館出版品預行編目資料

無師自通的Python語言程式設計：附大學程式
設計先修檢測(APCS)試題解析/邏輯林著. -- 初
版. -- 臺北市：五南圖書出版股份有限公司,
2021.12
　　面；　公分

ISBN 978-626-317-461-0(平裝附光碟片)
1.Python(電腦程式語言)
312.32P97　　　　　　　　　110021021

1H3F

無師自通的 Python 語言程式設計：附大學程式設計先修檢測 (APCS) 試題解析

作　　　者 — 邏輯林

發 行 人 — 楊榮川

總 經 理 — 楊士清

總 編 輯 — 楊秀麗

主　　編 — 侯家嵐

責任編輯 — 吳瑀芳

文字校對 — 陳俐君、黃志誠

封面設計 — 王麗娟

出 版 者 — 五南圖書出版股份有限公司

地　　　址：106台北市大安區和平東路二段339號4樓

電　　　話：(02)2705-5066　　傳　　真：(02)2706-6100

網　　　址：https://www.wunan.com.tw

電子郵件：wunan@wunan.com.tw

劃撥帳號：０１０６８９５３

戶　　　名：五南圖書出版股份有限公司

法律顧問：林勝安律師事務所　林勝安律師

出版日期：2021年12月初版一刷

定　　　價：新臺幣490元

※版權所有·欲利用本書全部或部分內容，必須徵求本公司同意※

五南
WU-NAN

全新官方臉書

五南讀書趣

WUNAN
Books   since1966

Facebook 按讚

1 秒變文青

f 五南讀書趣 Wunan Books

★ 專業實用有趣
★ 搶先書籍開箱
★ 獨家優惠好康

不定期舉辦抽獎
贈書活動喔！！！